•高职高专土建类专业系列规划教材•

齐明超　徐友岳　主　编
胡　敏　魏海林　袁　璐　副主编

建筑制图与识图习题集

合肥工业大学出版社

责任编辑 陈淮民
封面设计 玉 立

图书在版编目(CIP)数据

建筑制图与识图习题集/齐明超,徐友岳主编.一合肥:合肥工业大学出版社,2011.8(2016.9 重印)
ISBN 978-7-5650-0550-3

Ⅰ.①建… Ⅱ.②齐…②徐… Ⅲ.①建筑制图—高等职业教育—习题集 Ⅳ.①TU204-44

中国版本图书馆 CIP 数据核字(2011)第 145726 号

建筑制图与识图习题集

主 编 齐明超 徐友岳　　副主编 胡 敏 魏海林 袁 璐

出 版	合肥工业大学出版社	版 次	2011 年 8 月第 1 版
地 址	合肥市屯溪路 193 号	印 次	2016 年 9 月第 6 次印刷
邮 编	230009	开 本	787 毫米×1092 毫米 1/8
电 话	总 编 室:0551-62903038	印 张	18
	市场营销部:0551-62903198	字 数	280 千字
网 址	www.hfutpress.com.cn	印 刷	安徽昶颉包装印务有限责任公司
E-mail	hfutpress@163.com	发 行	全国新华书店

主编信箱 qi2000@sohu.com　　责编信箱/热线 13905512551@163.com

ISBN 978-7-5650-0550-3　　定价:29.60 元

如果有影响阅读的印装质量问题,请与出版社市场营销部联系调换。

前　言

本习题集是为高职高专土建类各有关专业的教学而编写，它与合肥工业大学出版社出版的《建筑制图与识图》教材配套使用。

在编写过程中，编者充分考虑到土木建筑工程专业的教学特点，密切配合教材，联系工程实际，读图结合、由浅入深地介绍投影的基本理论知识及绘制和阅读工程图的基本技能和方法。本书的主要内容有：投影的基本知识，点、直线、平面、直线与平面、基本形体的投影，轴测投影，标高投影建筑阴影，建筑透视，制图基本知识，组合体的投影，剖面图与断面图，建筑工程图等。其编排顺序同教材一致，便于配套使用。

本书适合于高职高专的土木工程、建筑工程技术、工程造价、工程监理、建筑企业管理、建筑设计技术、城镇规划、建筑装饰技术、室内设计、环境景观设计等专业作为教材使用，也可供相关的专业技术人员参考。

为了方便教学，也为了贯彻因材施教的原则，所编习题有一定余量，根据各专业和学时的不同情况，供教师取舍。

本习题由齐明超、徐友岳担任主编。参编人员有齐明超、徐友岳、胡敏、魏海林、袁璐、王琴、张立、陆飞虎、刘宇。参编的学校包括合肥共达职业技术学院、南昌理工学院建筑工程学院、六安职业技术学院、安徽电大城市建设学院、淮南职业技术学院、安徽建工技术学院等院校。

书中不足之处，敬请同行和读者批评指正。

编　者

2011年7月

目　　录

请沿此线整齐裁下

[评语]

[成绩]

姓名：

学号：

专业：

班级：

请沿此线整齐裁下

第一章 投影的基本知识

1-1 已知 C 点在直线 AB 上，求 C 点在 P 面上的投影。

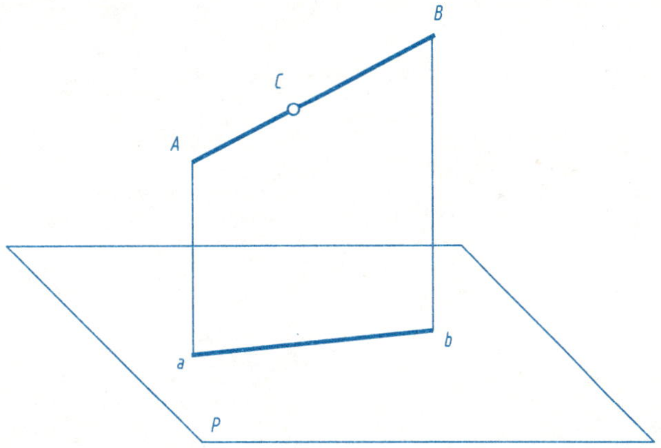

1-2 已知直线 AB 平行于平面 P，求直线 AB 在 P 面上的投影。

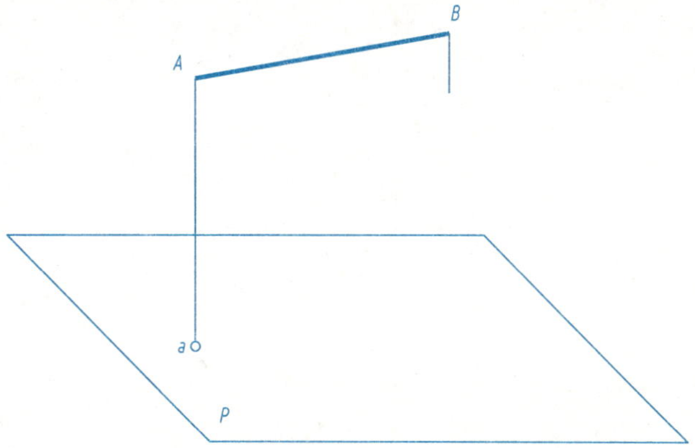

1-3 已知三角形 ABC 平行于平面 P，求三角形 ABC 在 P 面上的投影。

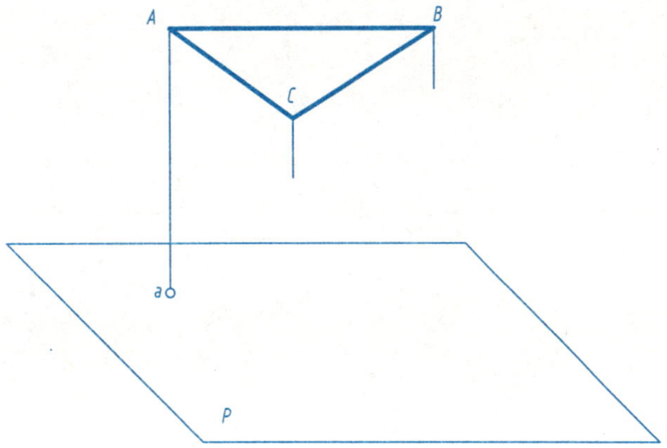

1-4 已知 $ABCD$ 为平行四边形，试补全平行四边形 $ABCD$ 在 P 面上的投影。

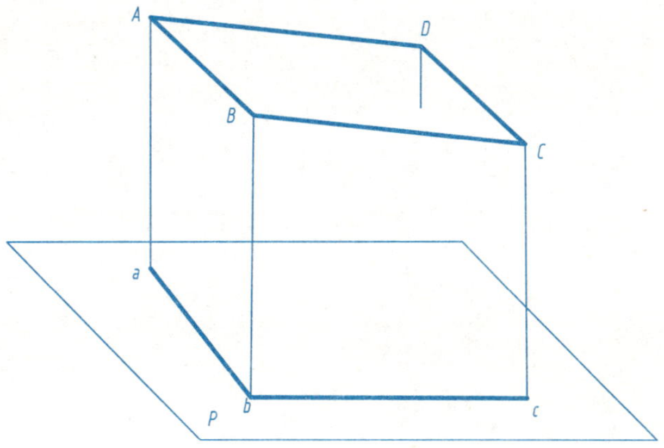

请沿此线整齐裁下

[评语]

[成绩]

姓名：________ 学号：________

专业：________ 班级：________

第二章　点的正投影

2-1　根据轴测图按轴向 1∶1 比例量度，画出 *A*、*B*、*C* 三点的三面投影。

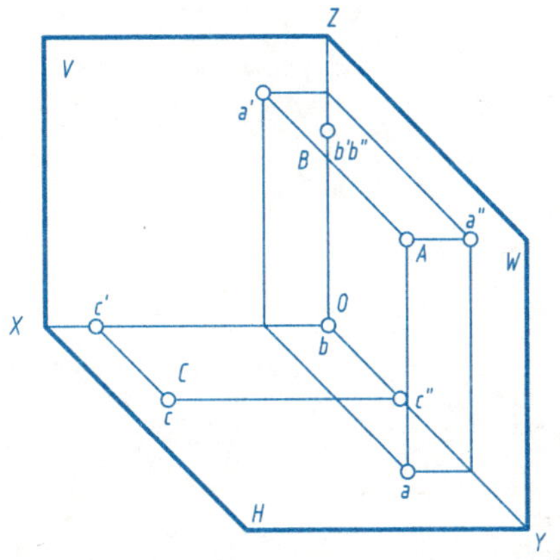

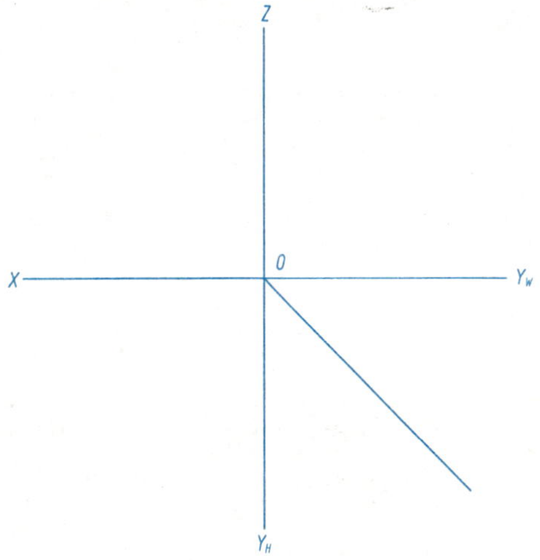

2-2　已知点 *D*（14，6，8）、*E*（9，0，14）、*F*（0，12，0），作出这些点的轴测图（正面斜等侧）和三面投影。

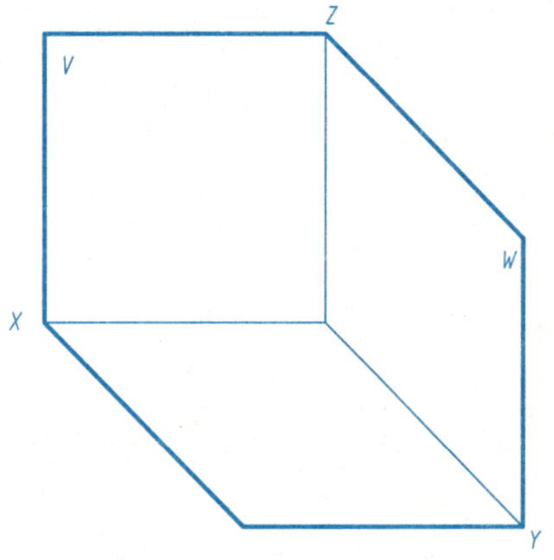

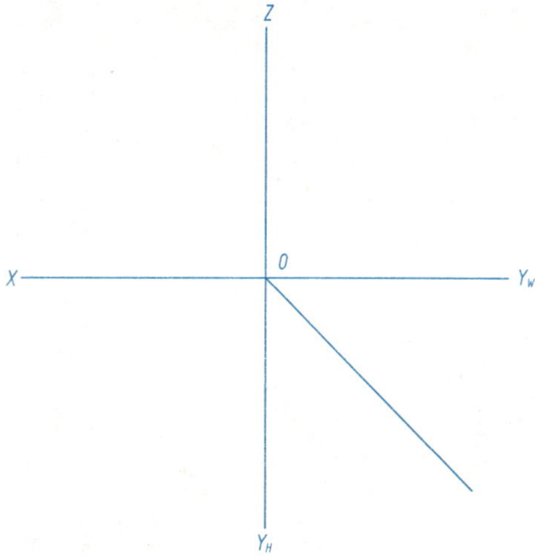

2-3　已知点 *A*、*B*、*C*、*D* 的两个投影，作出各点的第三个投影，并填写出这些点的位置（如空间点、哪个投影面上的点、哪根投影轴上的点等）。

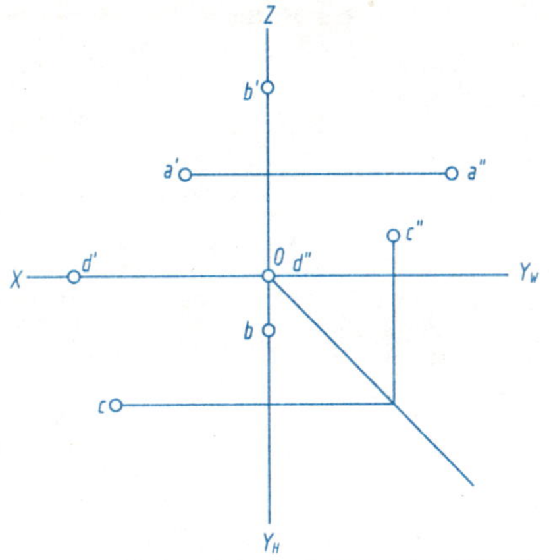

点	A	B	C	D
位置				

2-4　已知点 *E* 在第一角内，与 *W*、*V*、*H* 面的距离 *WE*、*VE*、*HE* 分别为 11mm、15mm、10mm；又知点 *F* 在点 *E* 之左 5mm、之后 5mm、之下 5mm；点 *G* 在点 *E* 的的正右方 6mm。作出点 *E*、*F*、*G* 的三面投影（对重影点的重合的投影要表明可见性）。

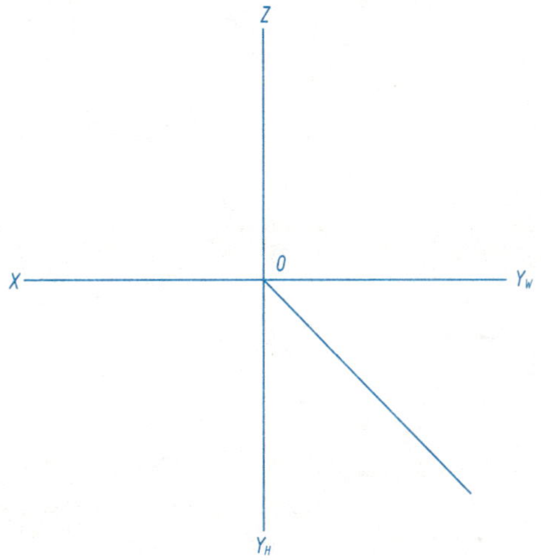

2-5　已知点 *A*（12，9，10）、点 *B*（12，9，0），以及点 *C* 在点 *A* 之右 5mm、之前 6mm，作出这三个点的三面投影（对重影点的重合的投影要表明可见性）。

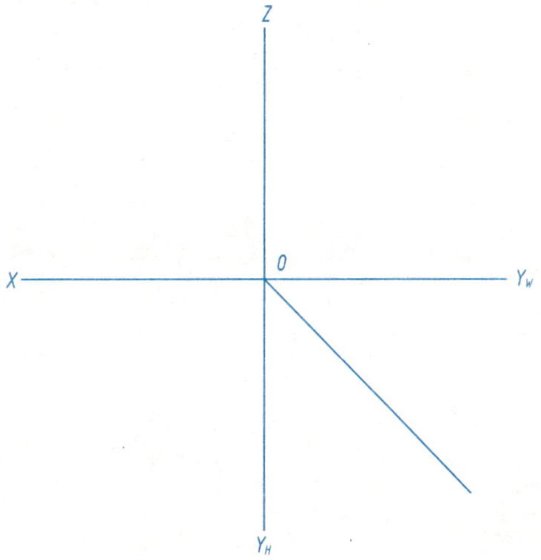

2-6　已知点 *D*（15，0，10）、*E*（0，0，10）以及点 *F* 在点 *D* 的正前方 12mm，作出这三个点的三面投影（对重影点的重合的投影要表明可见性）。

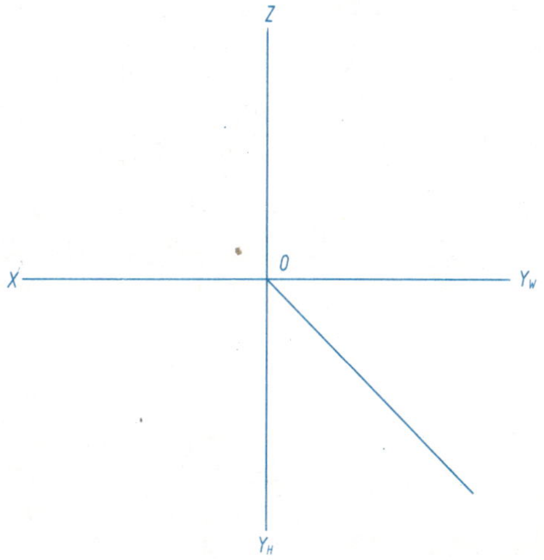

请沿此线整齐裁下

第三章 直线的正投影（1）

3–1 求下列直线的第三投影，并说明各直线是何种位置直线。

(1)

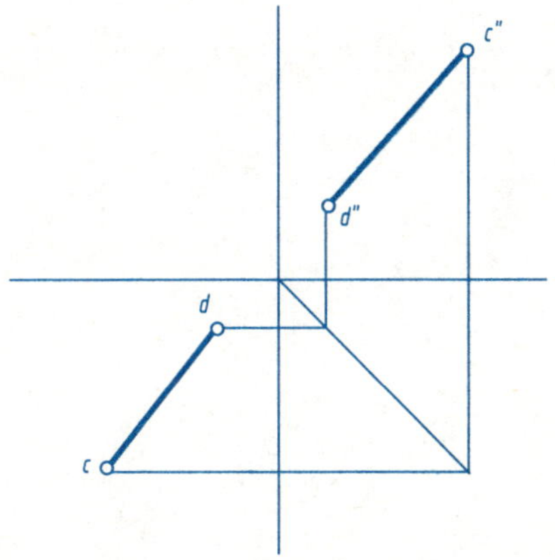

CD是__________线

(2)

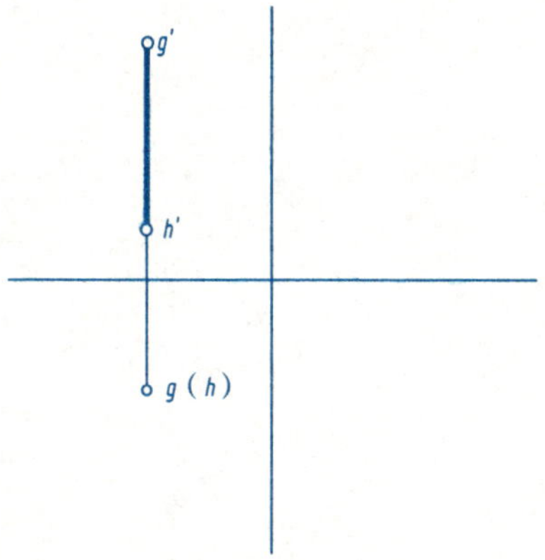

GH是__________线

(3)

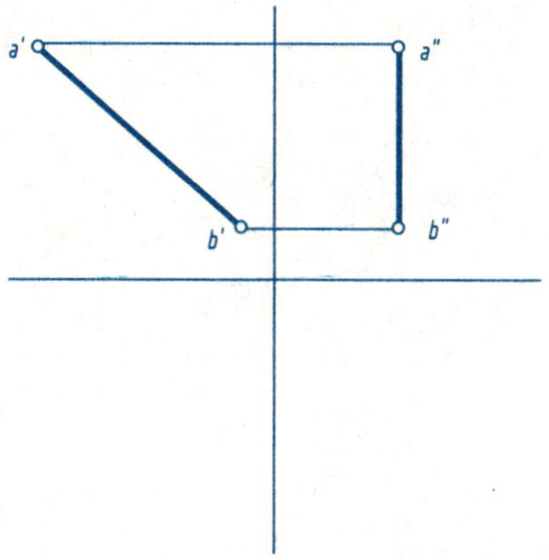

AB是__________线

(4)

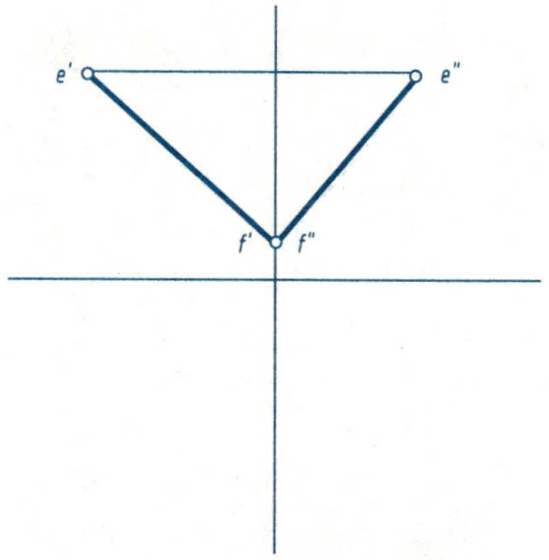

EF是__________线

3–2 已知直线 *CD* 端点 *C* 的投影，*CD* 长 20 毫米，且垂直 *V* 面，求其投影。

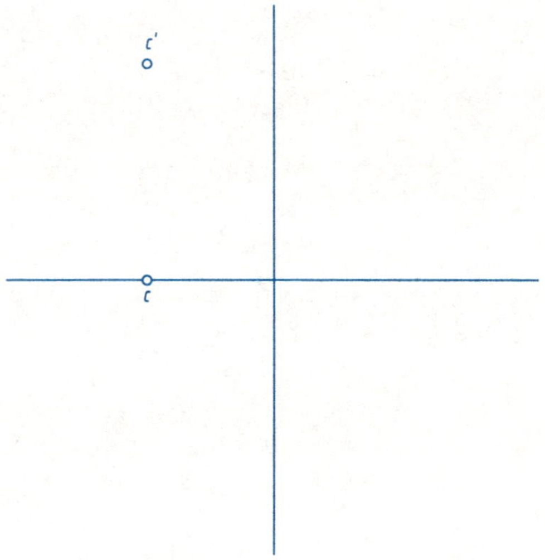

3–3 已知 *EF*//*V* 面，*E*、*F* 离 *H* 面分别为 5 和 15 毫米，求其投影。

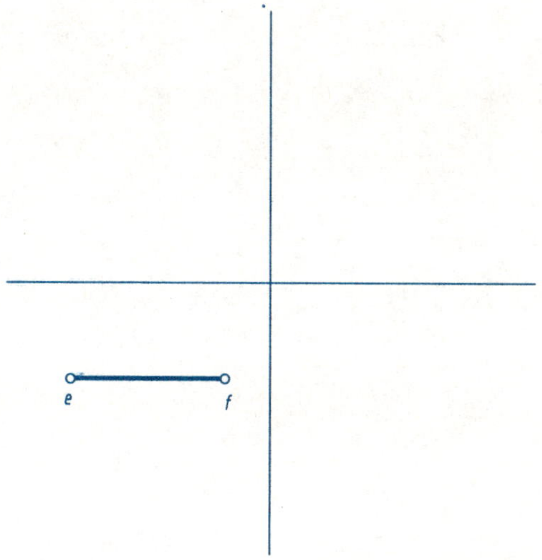

[评语]

[成绩]

姓名：______ 学号：______

专业：______ 班级：______

第三章　直线的正投影（2）

3-4　已知直线 *AB* 的投影，求 *AB* 上点 *C* 的投影，使 *AC*：*CB*=3：2。

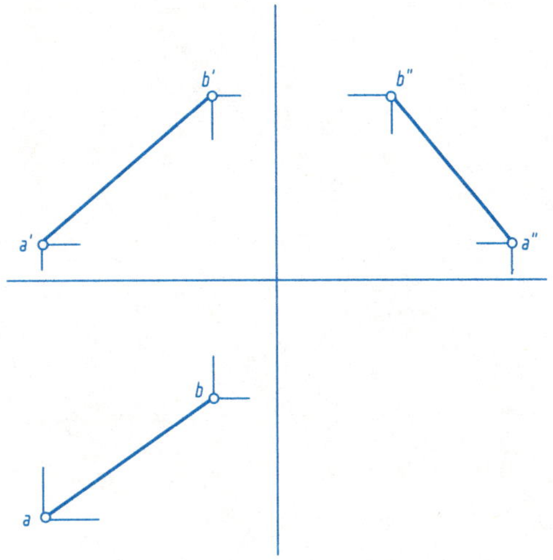

3-5　试判别下列各点是否在各直线上。

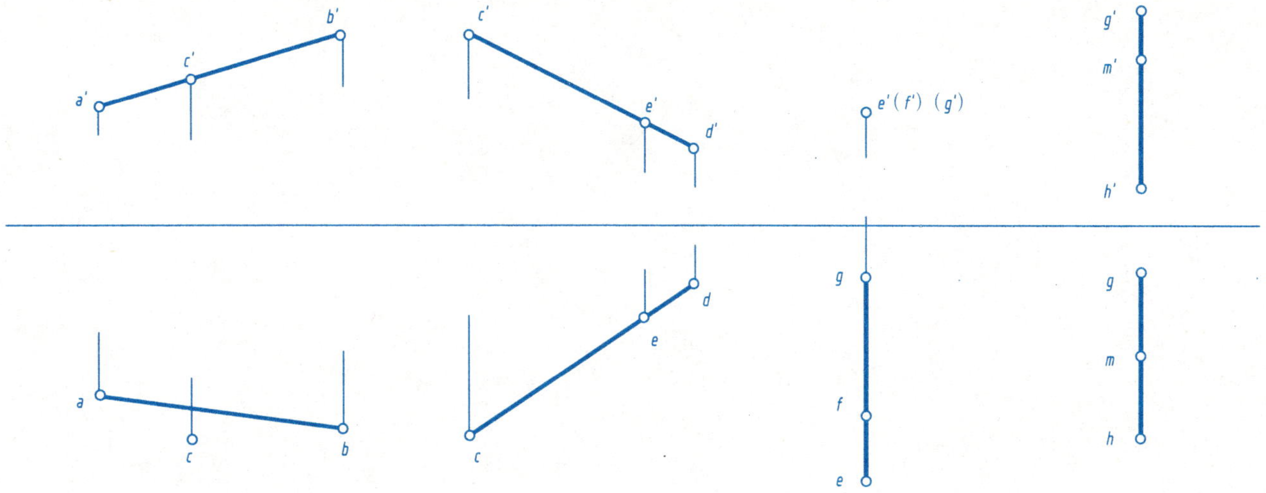

*C*点__________*AB*上　　*E*点__________*CD*上　　*G*点__________*EF*上　　*M*点__________*GH*上

3-6　已知直线 *CD* 及点 *E*、*F* 的两个投影，试作图判别 *E*、*F* 点是否在直线上。

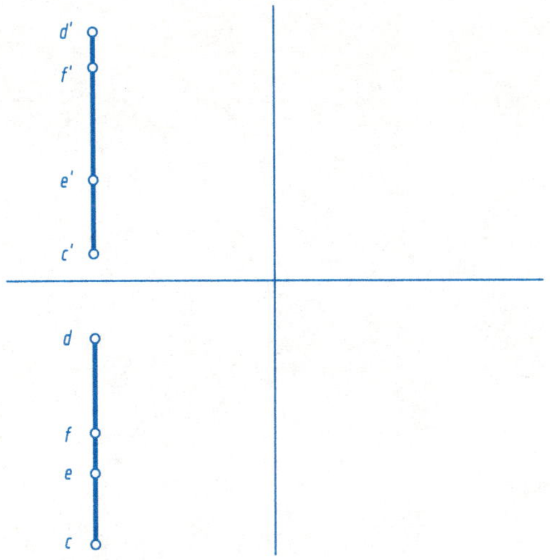

3-7　已知 *G*、*H* 在直线 *EF* 上，补画所缺少的投影。

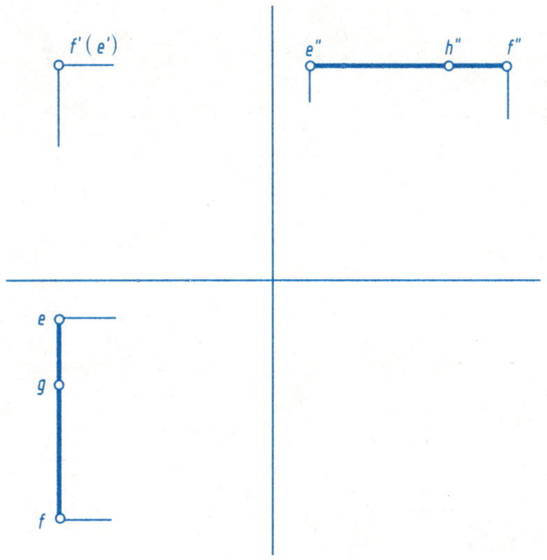

3-8　已知直线 *AB* 的投影 *a'b'*、*ab*，试求 *AB* 上一点 *F*，*F* 点离 *H* 和 *W* 面距离相等。

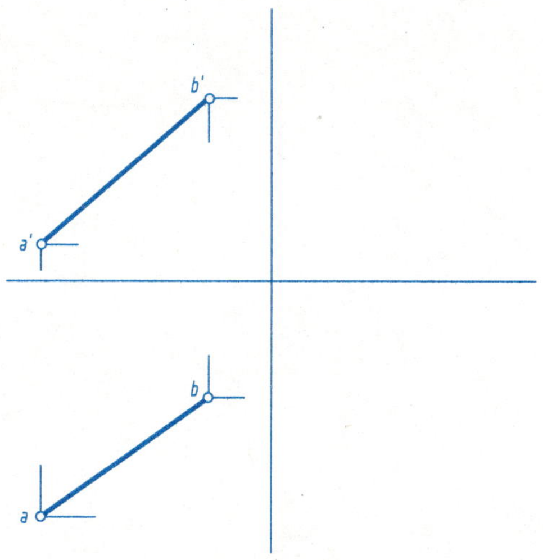

[评语]　[成绩]

姓名：________　学号：________

专业：________　班级：________

[评语]

[成绩]

第三章　直线的正投影(3)

3-9　过点 A 作下列直线的三面投影：(1) 一般位置直线 AB，点 B 在点 A 之左 10mm，之后 5mm，之上 3mm；(2) 正平线 AC，点 C 在点 A 的右上方，$\alpha=30°$，长度为 13mm；(3) 正垂线 AD，点 D 在点 A 的正前方，长度为 8mm；(4) 侧平线 AE，点 E 在点 A 的后下方，$\beta=45°$，长度为 10mm。

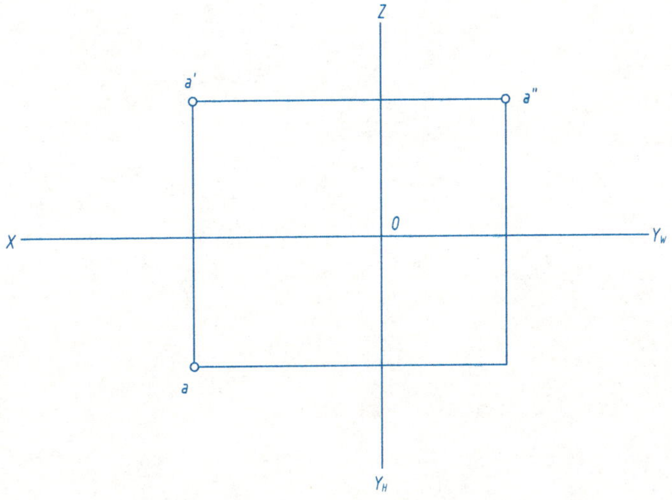

3-10　求直线 AB 的实长和对 V 面的倾角 β。

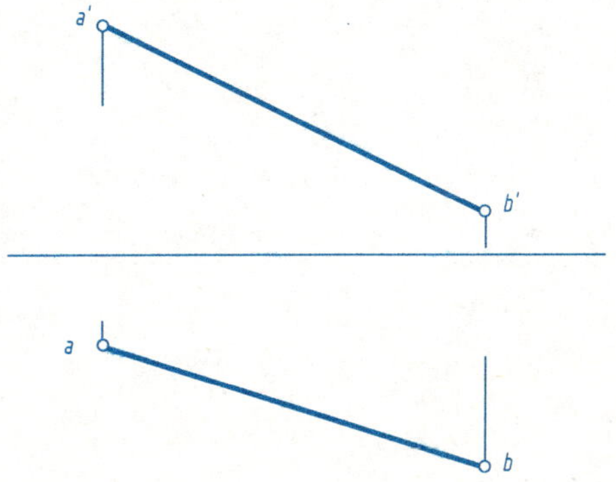

3-11　已知直线 AB 的真长为 20mm，点 B 比点 A 高，作出直线 AB 的 V 面投影。

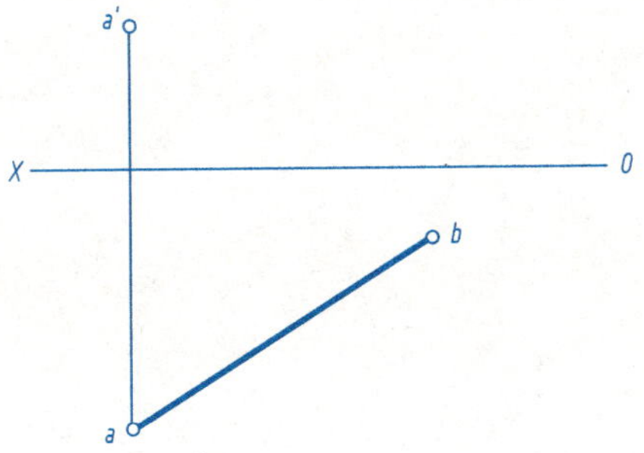

3-12　在直线 AB 上取一点 K，与 H 面、V 面等距；取一点 L，使该点与 H 面的距离为 V 面的距离的两倍。作出点 K 和点 L 的三面投影。

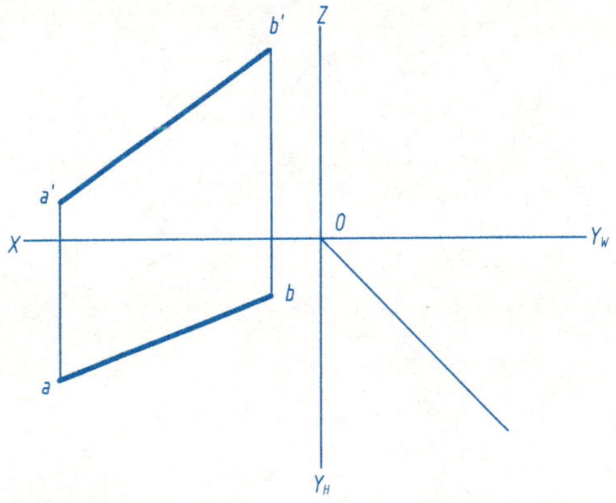

3-13　已知直线 AB 和点 C、D，要求：(1) 分别检验点 C、D 是否在 AB 直线上，并按检查结果，在括号内填写“在”或“不在”；(2) 已知点 E 在直线 AB 上，分割 AB 成 AE∶EB=3∶5，作出直线 AB 的 W 面投影和点 E 的三面投影。

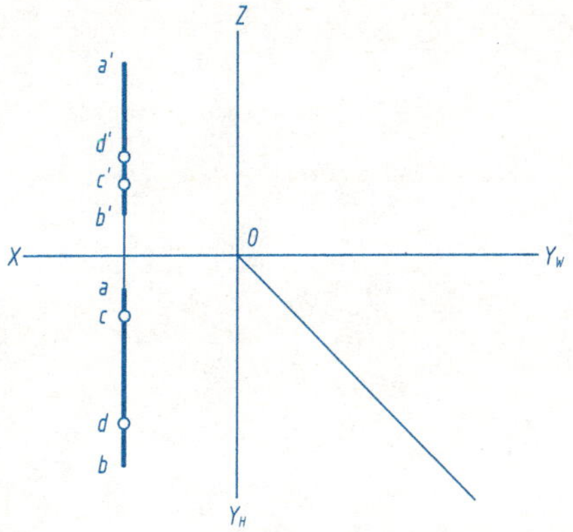

C点（　　　）AB 上

D点（　　　）AB 上

姓名：________　学号：________

专业：________　班级：________

请沿此线整齐裁下

第三章　直线的正投影（4）

3-14　检验直线 *AB*、*CD* 的相对位置，并按检验结果在括号内填写平行、相交或交叉。

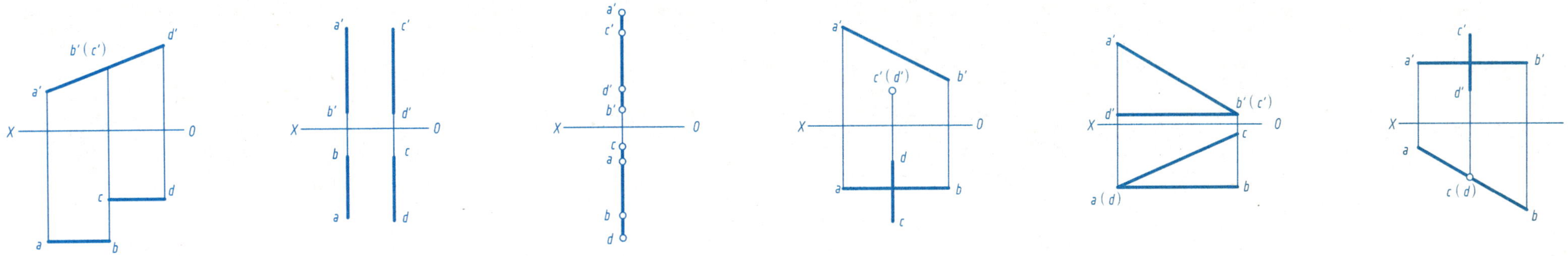

（　　）　（　　）　（　　）　（　　）　（　　）　（　　）

［评语］　［成绩］

姓名：＿＿＿＿　学号：＿＿＿＿

专业：＿＿＿＿　班级：＿＿＿＿

3-15　过点 *C* 作平行于直线 *AB*、且与 *AB* 同方向的直线 *CD*，*CD* 的长度为 18mm，完成直线 *AB*、*CD* 三面投影。

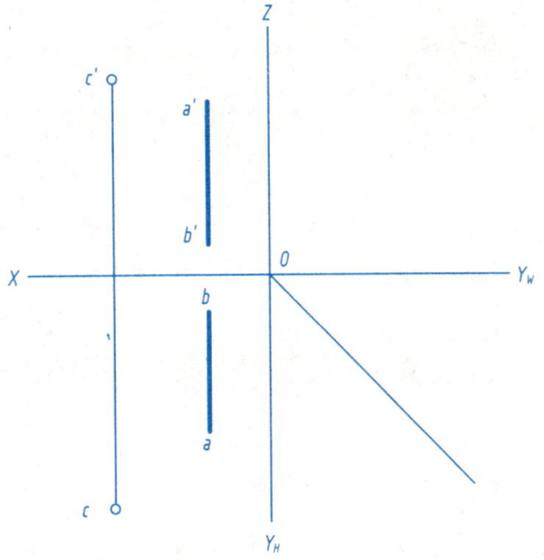

3-16　过点 *C* 作平行于直线 *AB*、且与 *AB* 同方向的直线 *CD*，*CD* 的长度为 10mm。

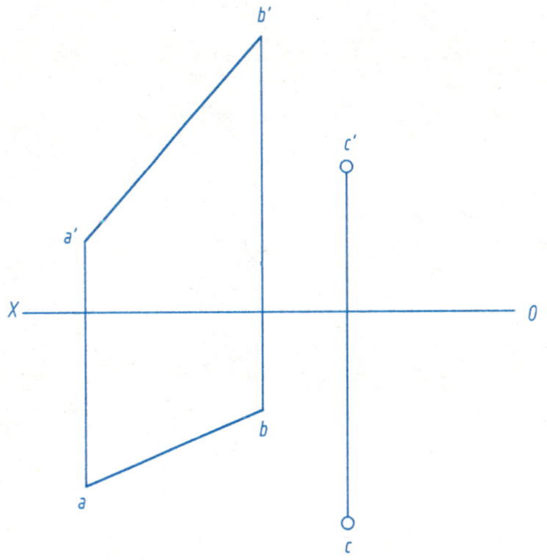

3-17　作位于 *H* 面之上 10mm 的水平线 *MN*，分别与已知直线 *AB*、*CD* 相交于点 *M*、*N*。

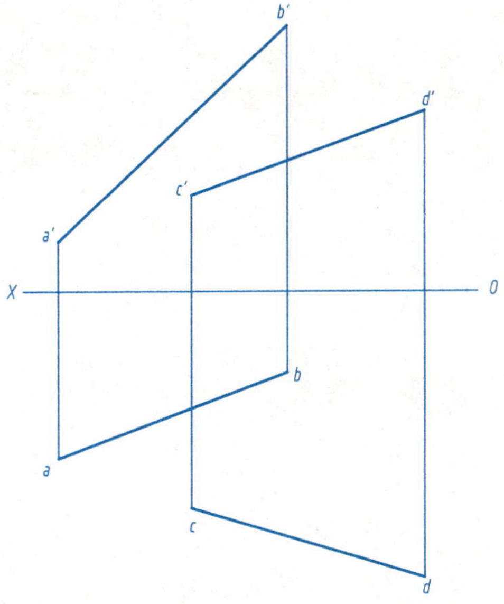

3-18　过点 *C* 作一直线，与直线 *AB*、*DE* 相交。

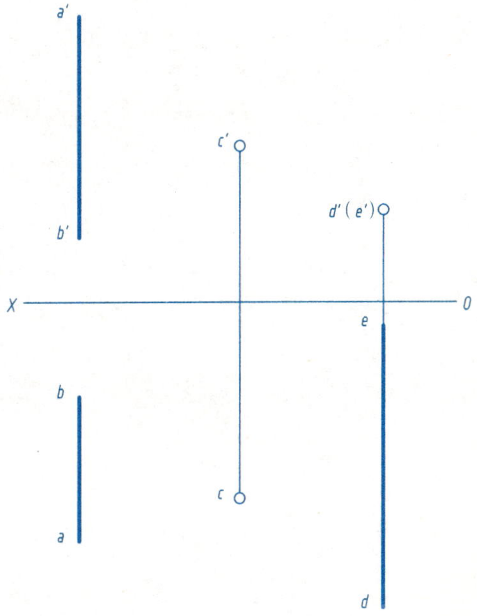

请沿此线整齐裁下

请沿此线整齐裁下

[评语]

[成绩]

姓名：

学号：

专业：

班级：

请沿此线整齐裁下

第三章 直线的正投影（5）

3-19 已知两交叉线 *AB*、*CD* 的 *V* 面投影和 *W* 面投影，求作它们的 *H* 面投影，分别标出三对重影点的三面投影符号，并表明可见性。

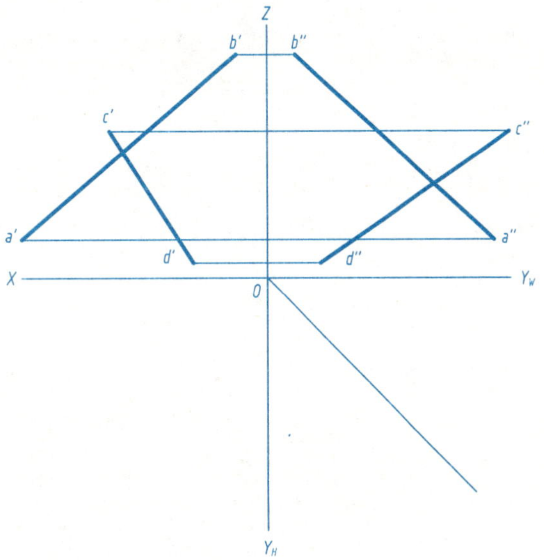

3-20 检验直线 *AB*、*CD*、*EF* 的相对位置，并按检验结果在括号内填写平行、相交或交叉（提示：建议加画 *H* 面投影进行检验）。

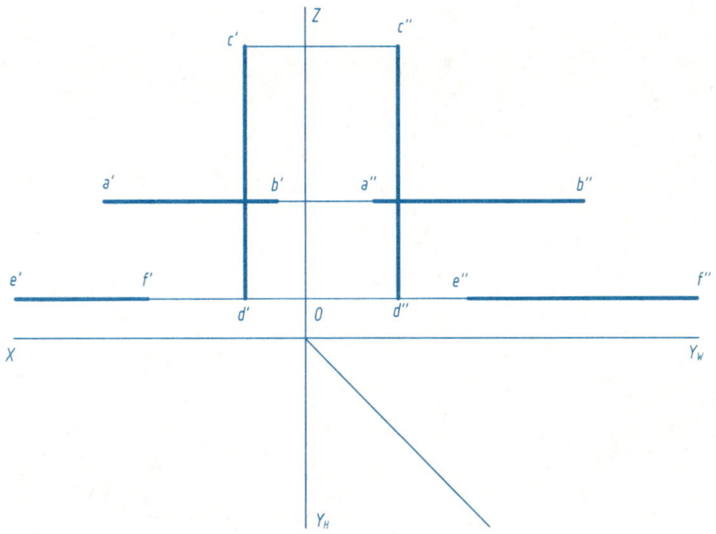

*AB*与 *CD*（　　）；*AB* 与 *EF*（　　）；*CD* 与 *EF*（　　）。

3-21 求点 *A* 到直线 *BC* 的真实距离。

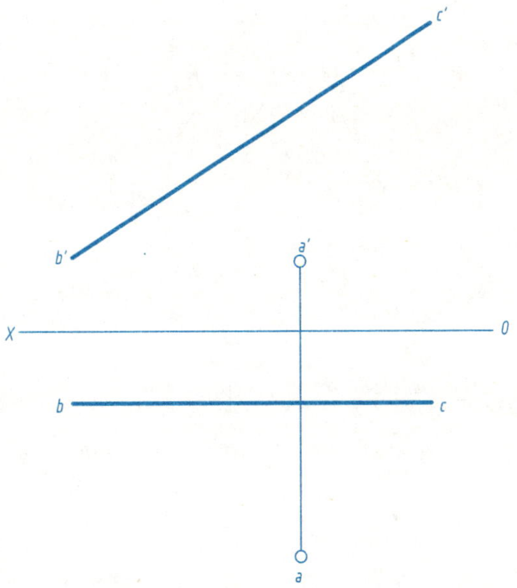

3-22 作交叉线 *AB*、*CD* 的公垂线 *EF*，*EF* 与 *AB* 相交于 *E*，与 *CD* 交于 *F*，并注明两交叉线之间的距离。

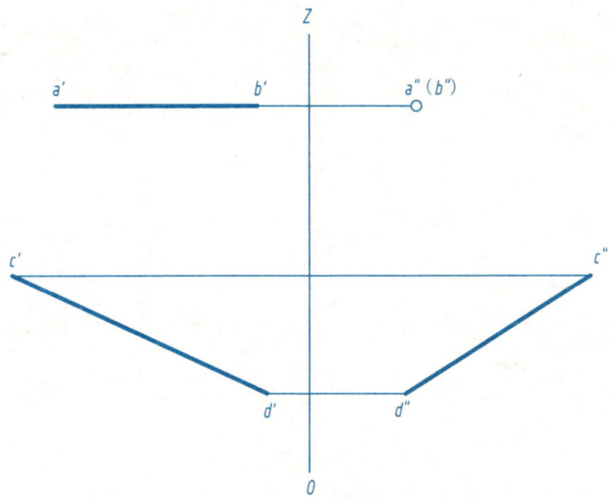

请沿此线整齐裁下

[评语]
[成绩]

姓名：________ 学号：________

专业：________ 班级：________

第四章 平面的正投影（1）

4–1 补全第三投影，并指出平面的空间位置。

(1)

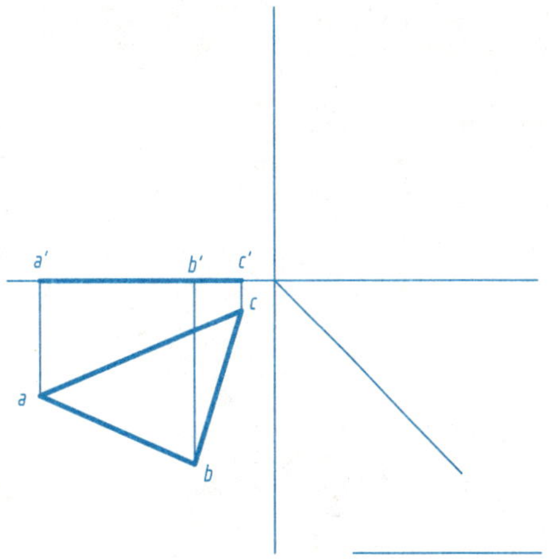

(2)

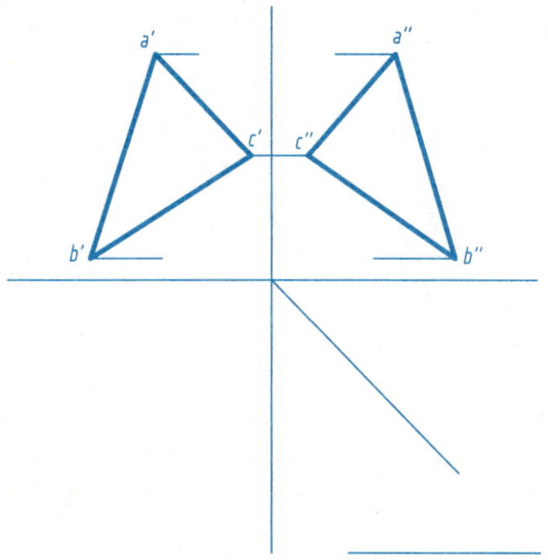

(3)

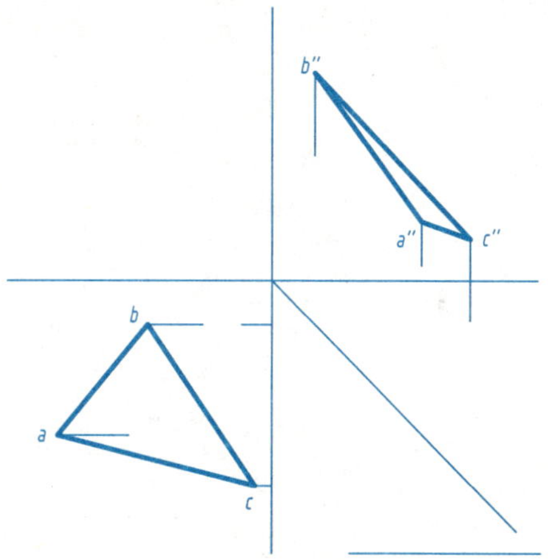

4–2 完成矩形 *ABCD* 的两面投影。

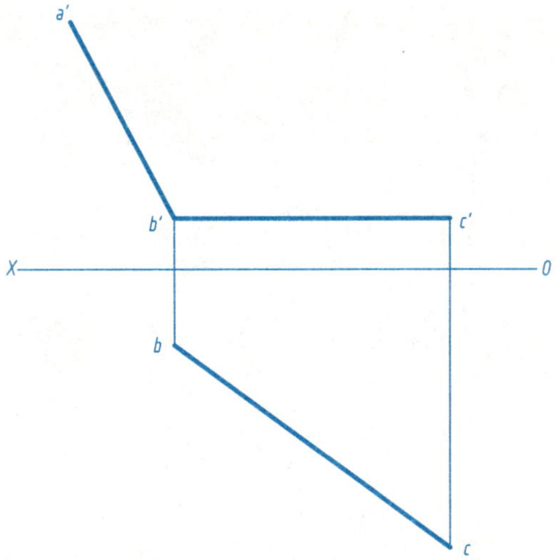

4–3 已知正方形 *ABCD* 平行于 *V* 面，并知其左边 *AB* 的两面投影，完成正方形的三面投影。

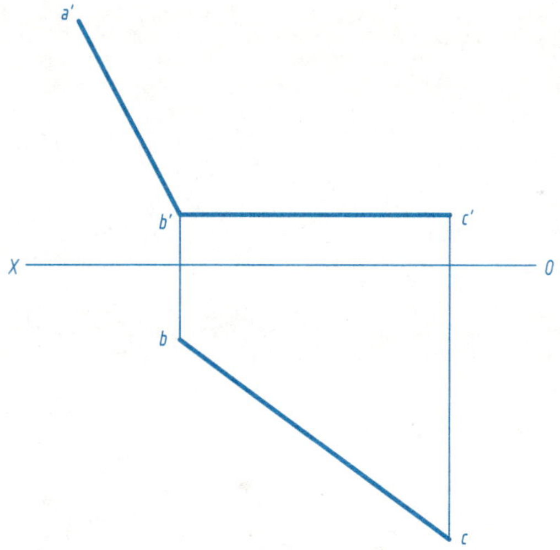

4–4 已知正方形 *ABCD* 的对角线 *AC* 的两面投影，正方形与 *H* 面的倾角为 60°，顶点 *B* 在后上方，完成正方形的三面投影（提示：正方形的对角线长度相等，且互相垂直平分）。

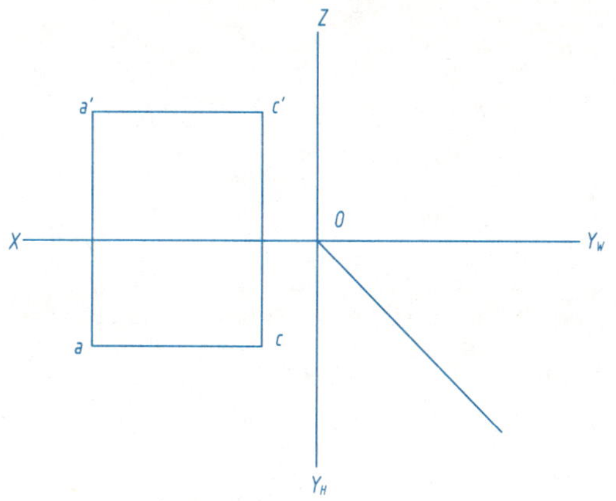

请沿此线整齐裁下

第四章 平面的正投影（2）

4–5 点 *K* 在所给平面上，并知其一个投影，求作点 *K* 的其它投影。

(1)

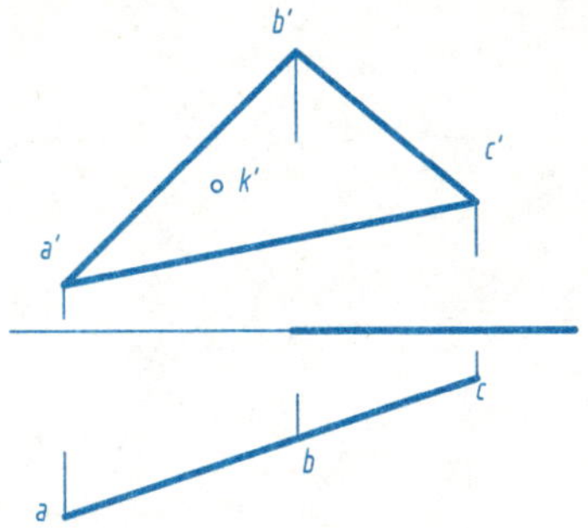

(2)

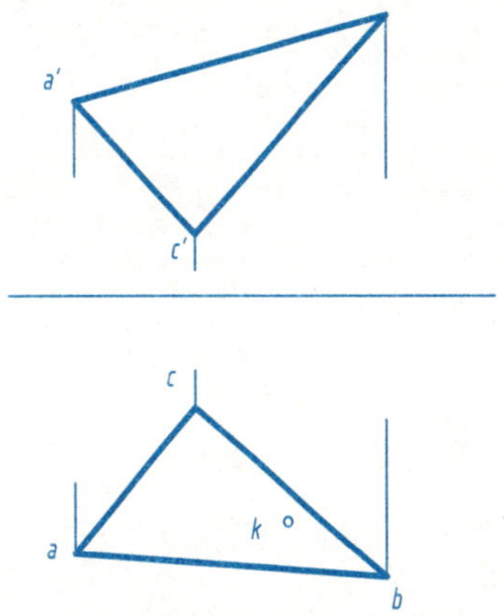

(3)

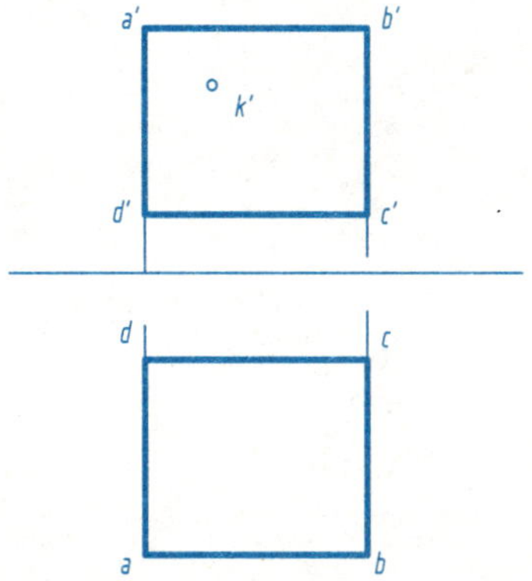

(4)

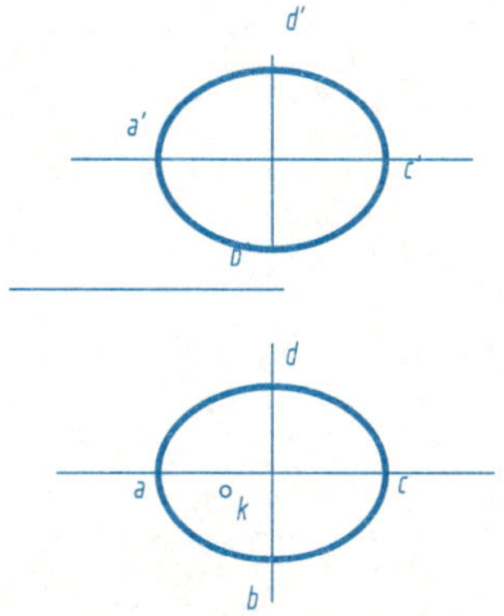

(5)

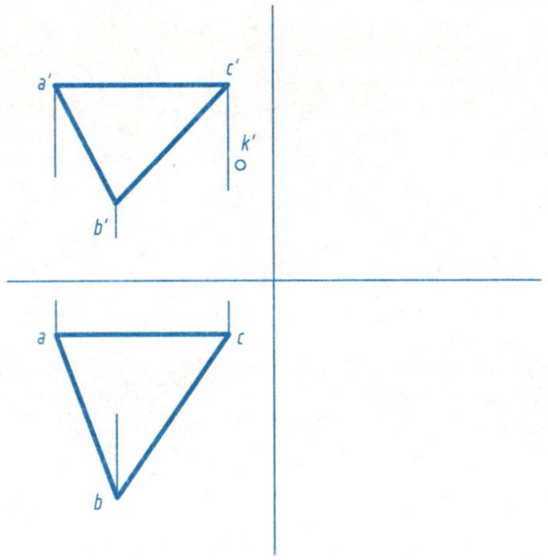

(6)

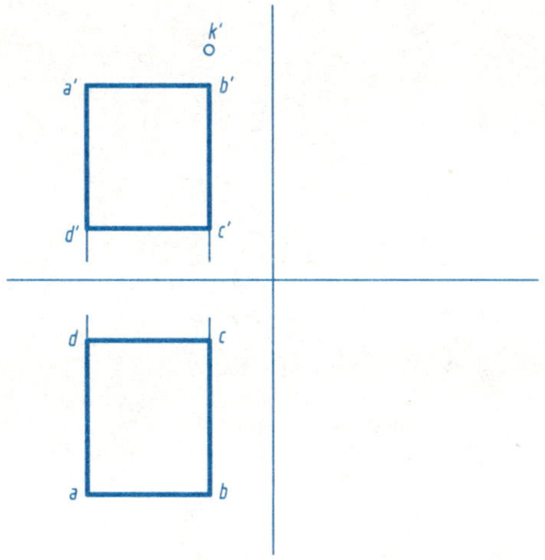

[评语]

[成绩]

姓名：

学号：

专业：

班级：

请沿此线整齐裁下

[评语]

[成绩]

专业：________ 姓名：________

班级：________ 学号：________

第四章　平面的正投影(3)

4-6　直线 *EF* 在 Δ*ABC* 平面上，已知直线 *EF* 的一个投影，试求另一个投影。

(1)

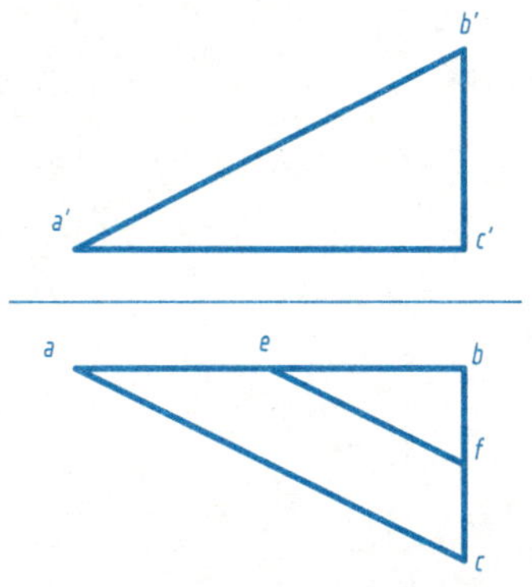

(2)

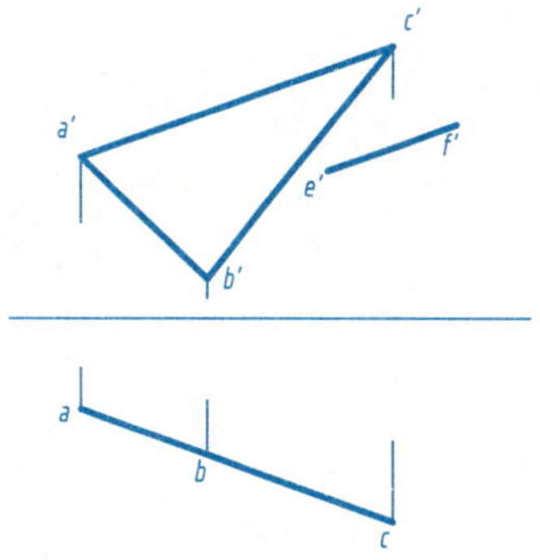

(3)

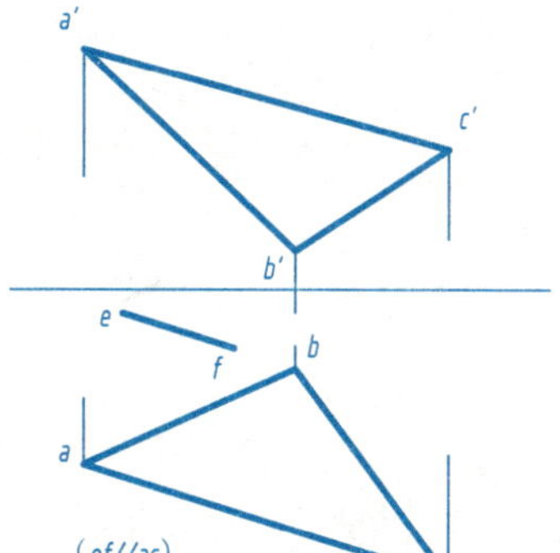

(4)

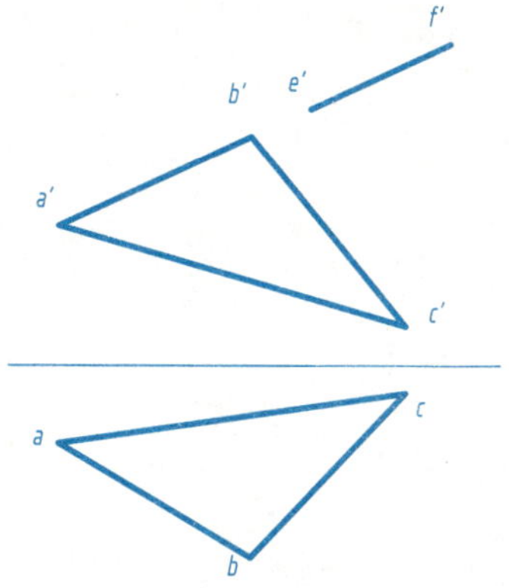

4-7　在所给平面上，作一根直线 *EF*，并使 *EF*//*AB*。

(1)

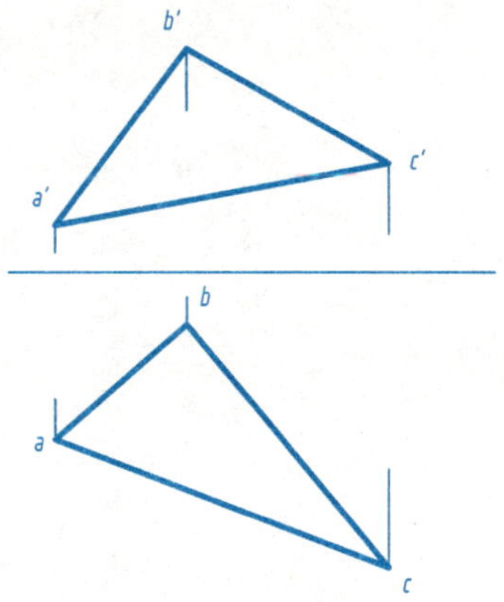

(2)

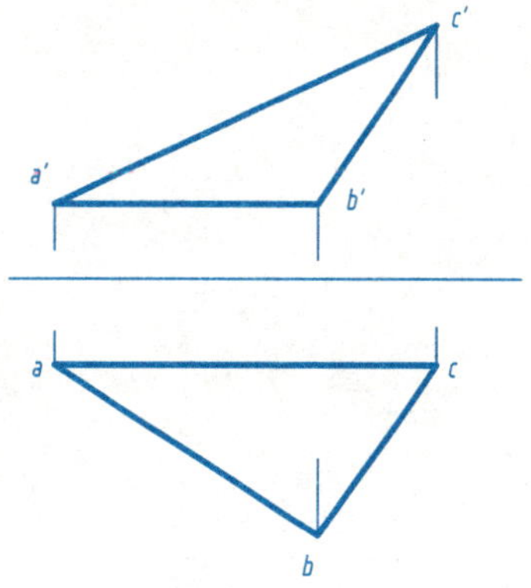

4-8　已知 Δ*ABC* 投影。

(1) 在 Δ*ABC* 上过 *B* 作 *H* 面平行线。

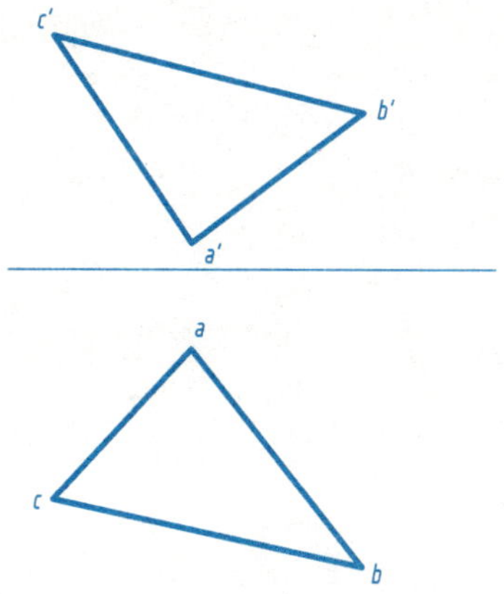

(2) 在 Δ*ABC* 上过 *C* 作 *V* 面平行线。

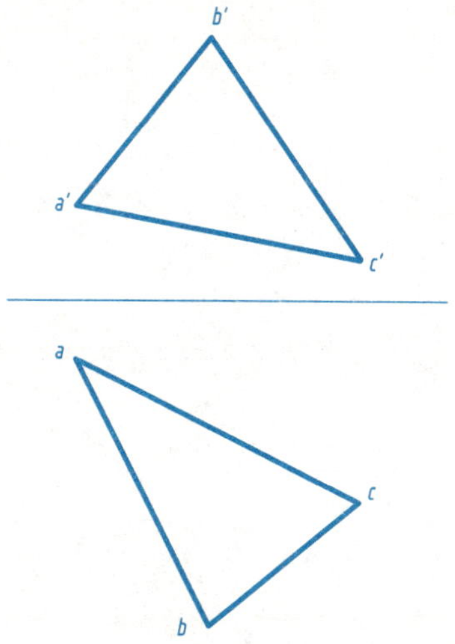

请沿此线整齐裁下

请沿此线整齐裁下

[评语]

[成绩]

姓名：________ 学号：________

专业：________ 班级：________

第四章　平面的正投影(4)

4–9　已知位于所给平面上的图形（或图线）的一个投影，试求另一个投影（注上字母）。

（1）

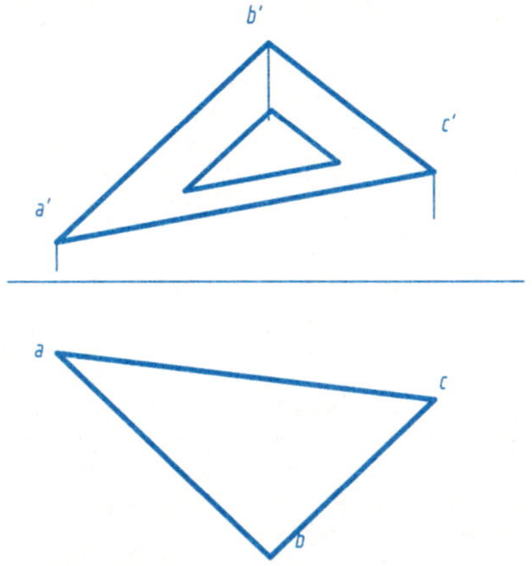

（2）

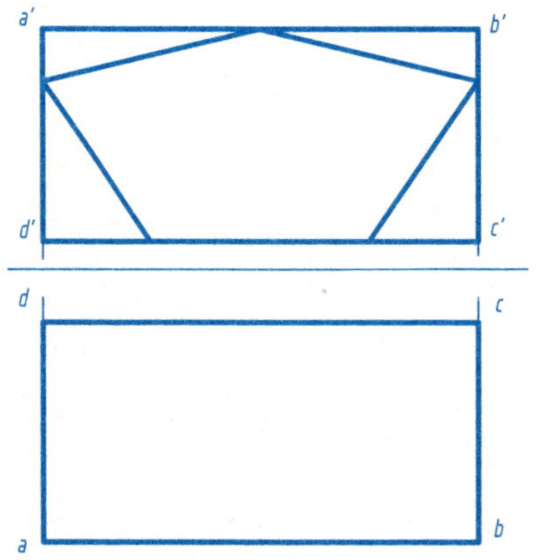

（3）

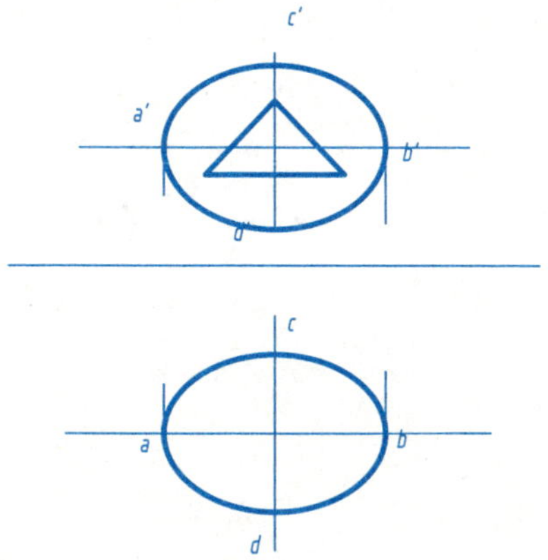

（4）

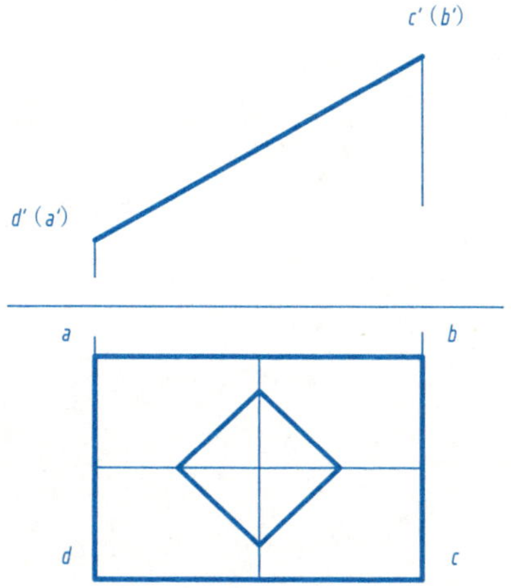

（5）

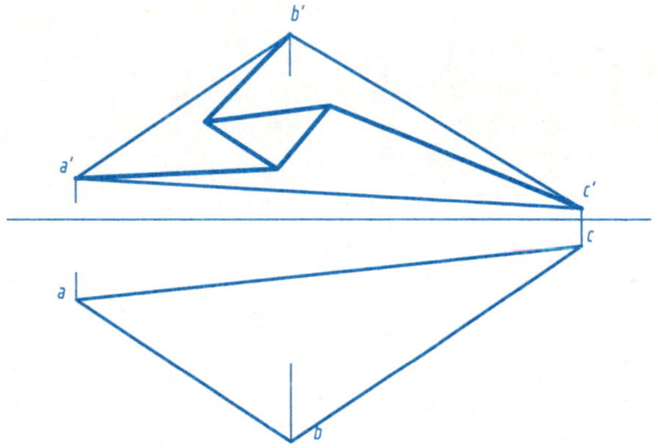

（6）

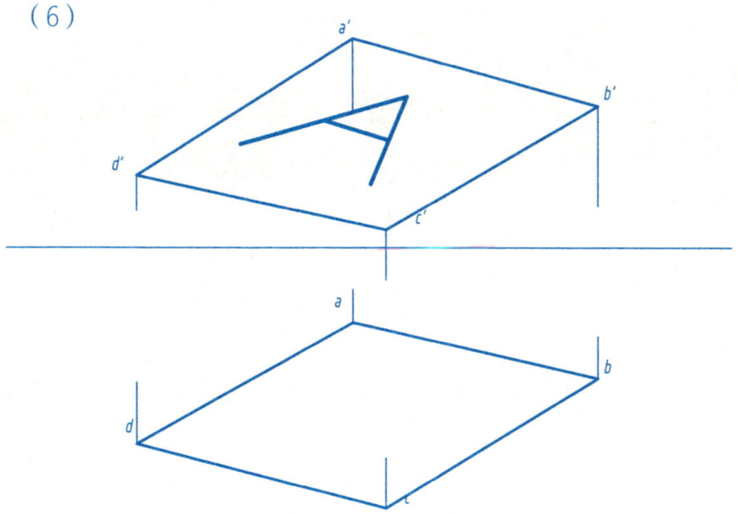

请沿此线整齐裁下

第四章　平面的正投影（5）

4-10　已知垂直于 H 面的正方形对角线 AB 的 V、H 面投影，求此正方形的投影。

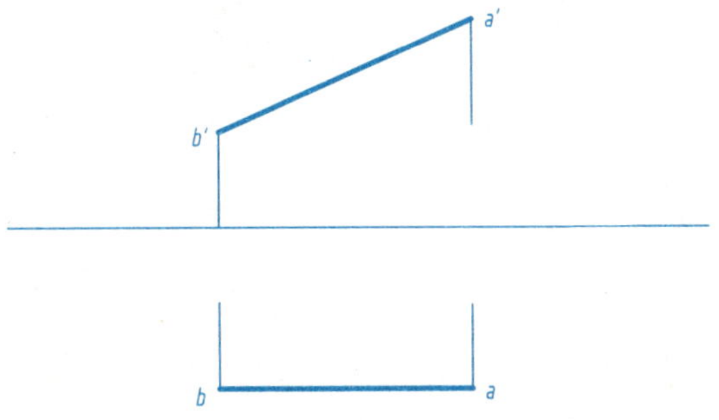

4-11　试求 ΔABC 平面上一点 D 的投影，已知点 D 的位置比点 B 低 10 毫米，并在点 B 前 13 毫米。

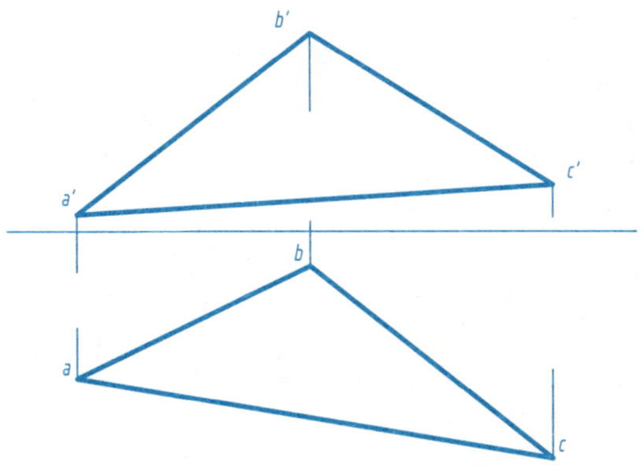

4-12　已知等腰三角形 ABC 的斜边 AB 的 V 面投影和 W 面投影，ΔABC 与 H 面的倾角 $\alpha=30°$，直角定点 C 在 AB 的左上方，作出 ΔABC 的三面投影。

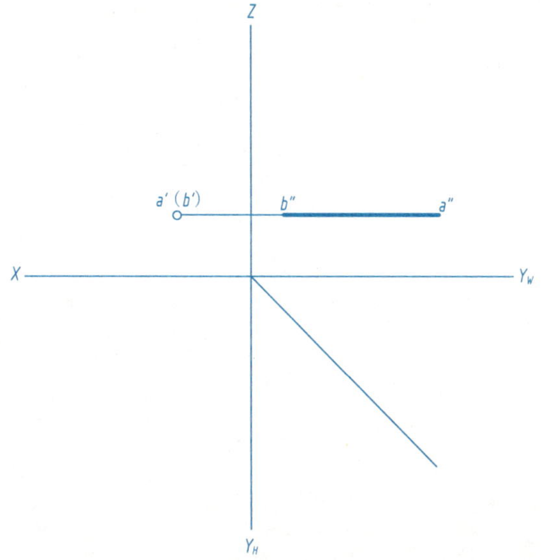

4-13　一直矩形 $PQRS$ 上的一个五边形 $ABCDE$ 的 V 面投影，作出它的 H 面投影。

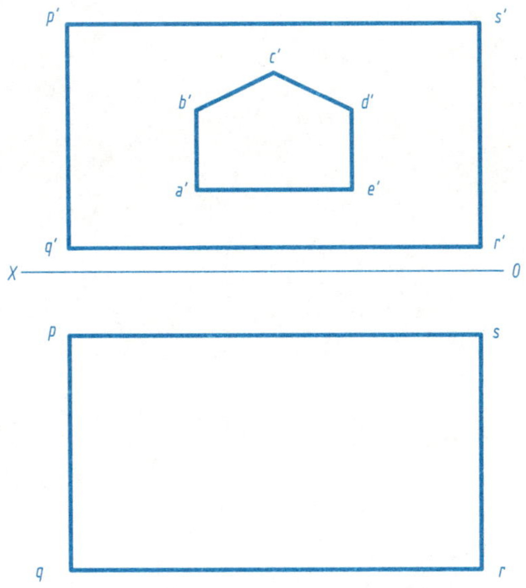

4-14　完成平面五边形 $ABCDE$ 的 H 面投影。

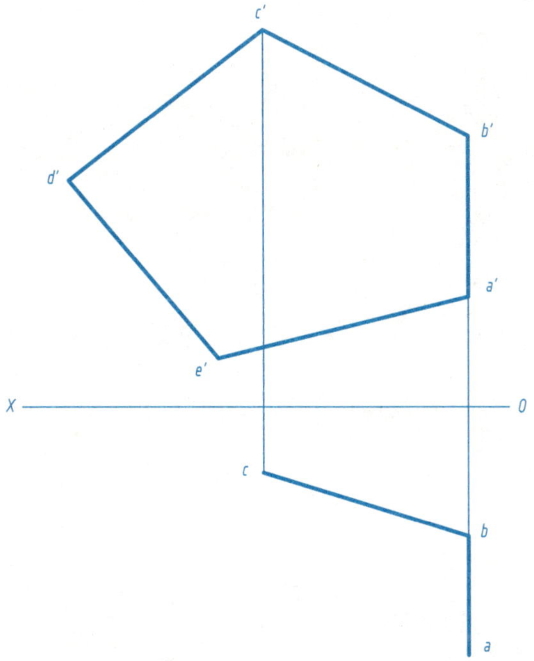

4-15　求作平行四边形 $ABCD$ 与 H 面的倾角。

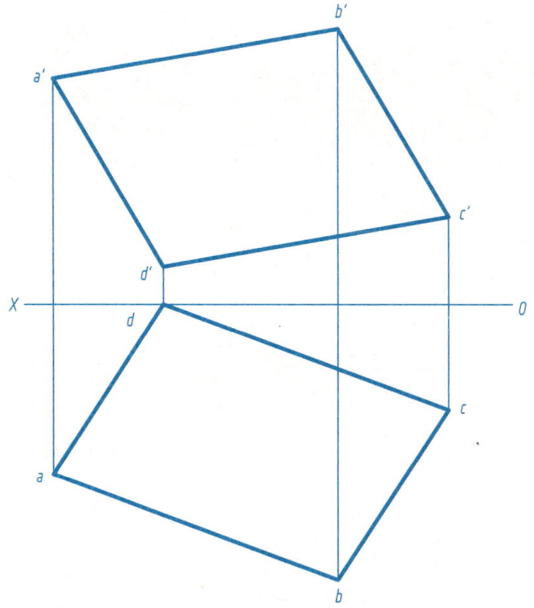

请沿此线整齐裁下

[评语]　[成绩]

姓名：______　学号：______

专业：______　班级：______

请沿此线整齐裁下

第五章　直线与平面、平面与平面相对位置（1）

5-1　过点 *K* 作直线 *AB*，并且平行已知平面。

（1）

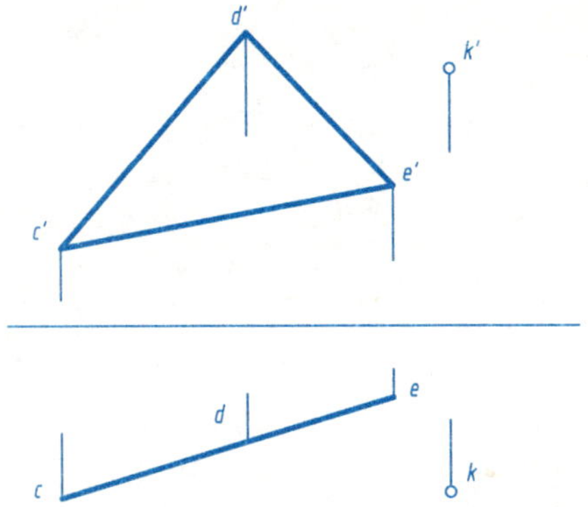

（2）

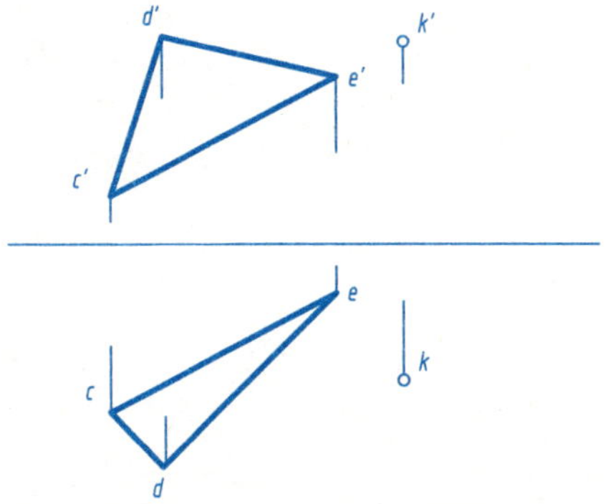

（3）

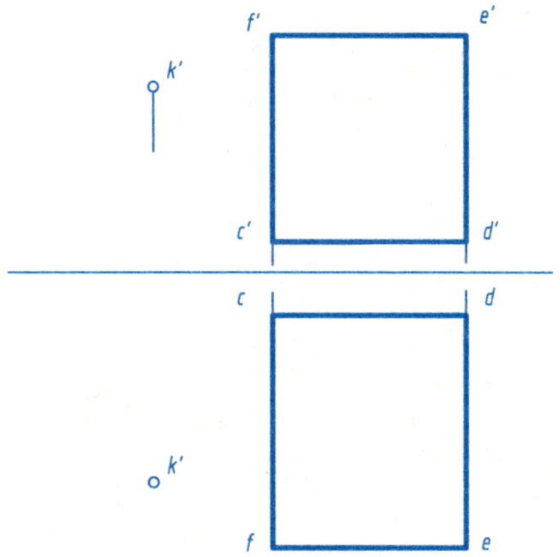

5-2　过点 *K* 作一平面，并且平行已知平面。

（1）

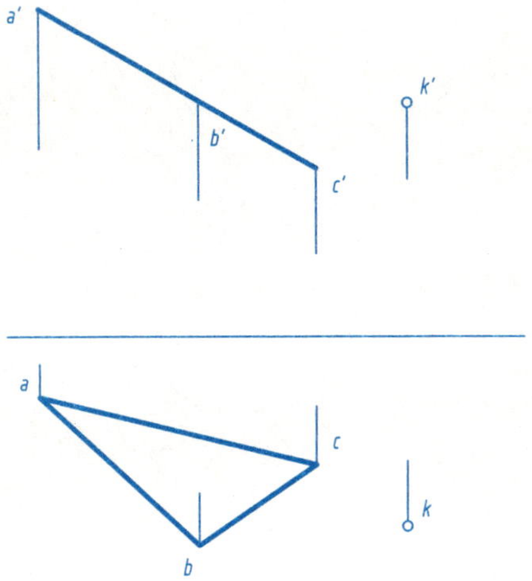

（2）

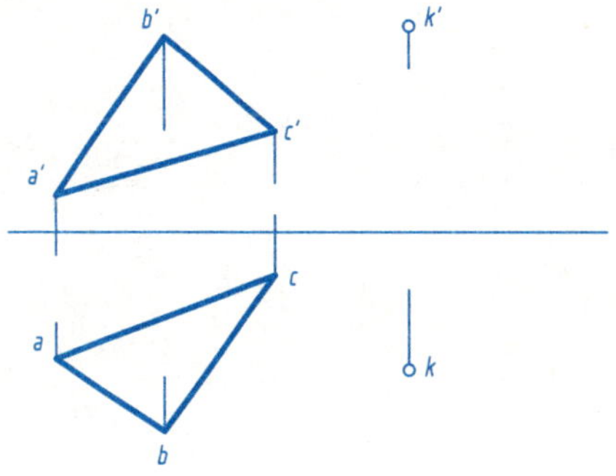

（3）

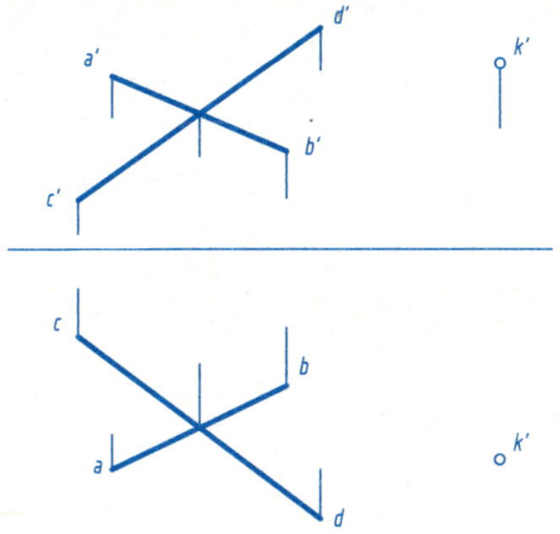

[评语]

[成绩]

姓名：

学号：

专业：

班级：

第五章　直线与平面、平面与平面相对位置（2）

5-3　过已知直线 *AB* 作一平面，平行于已知平面。（注：应先检查直线 *AB* 是否平行已知平面）

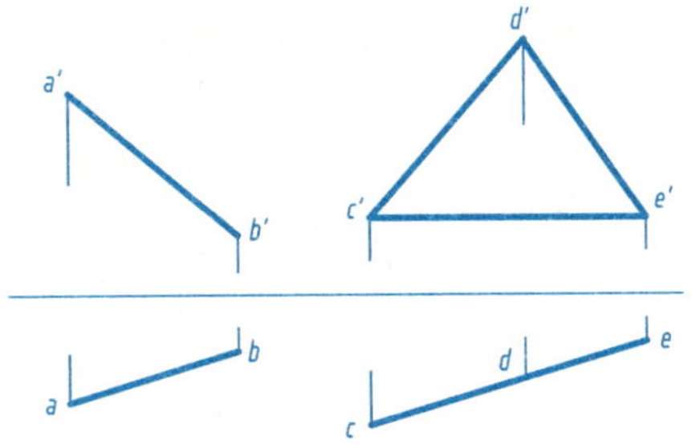

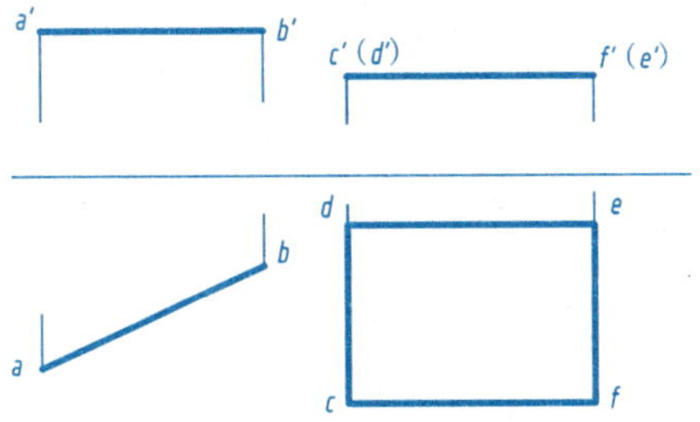

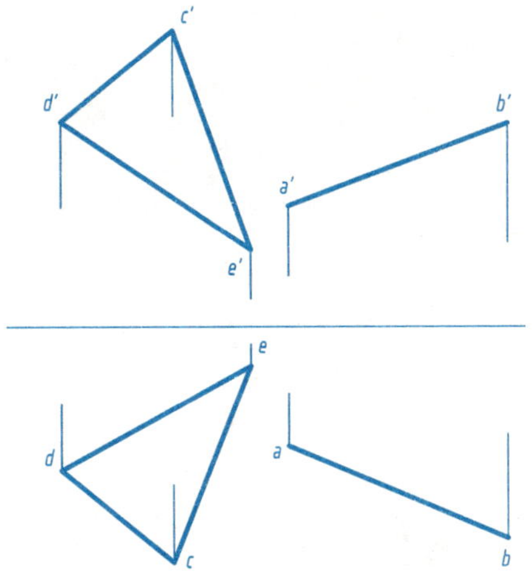

5-4　检查下列两平面是否平行。

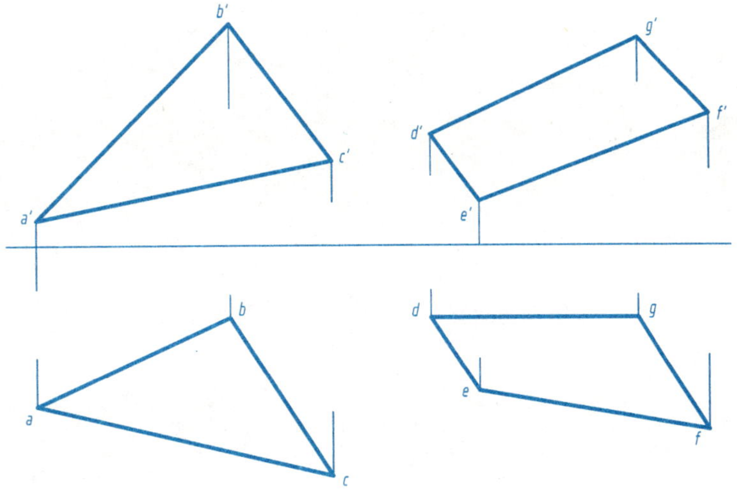

[评语]　[成绩]

姓名：＿＿＿＿　学号：＿＿＿＿

专业：＿＿＿＿　班级：＿＿＿＿

请沿此线整齐裁下

请沿此线整齐裁下

[评语]　[成绩]

姓名：＿＿＿＿　学号：＿＿＿＿

专业：＿＿＿＿　班级：＿＿＿＿

5-5　过点 *E* 作一水平线，平行于 *AB*、*CD* 所确定的平面。

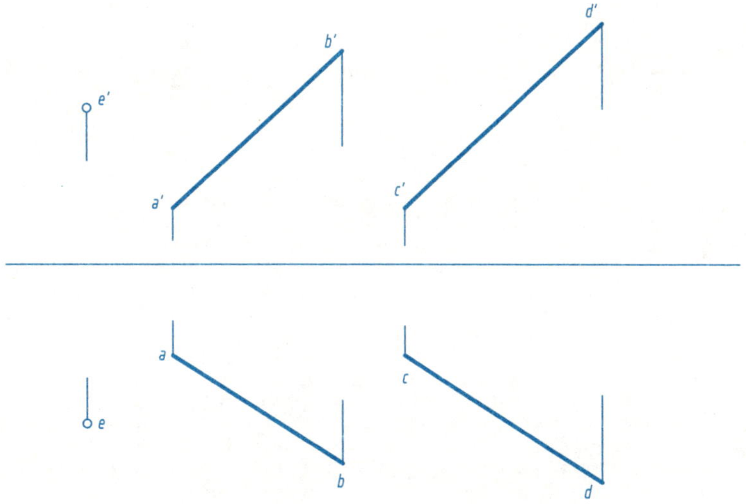

5-6　过直线 *CD* 作一平面，平行于直线 *AB*。

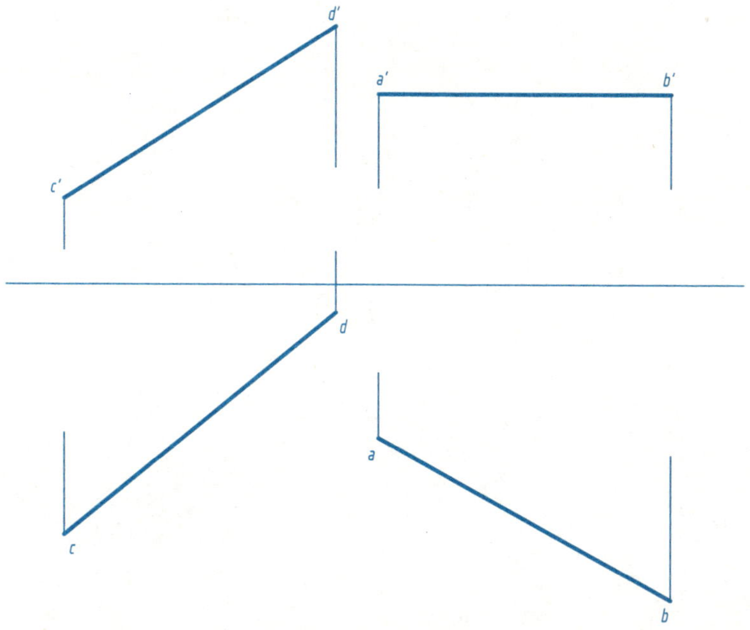

5-7　检查直线 *AB* 是否垂直于 Δ*CDE*。

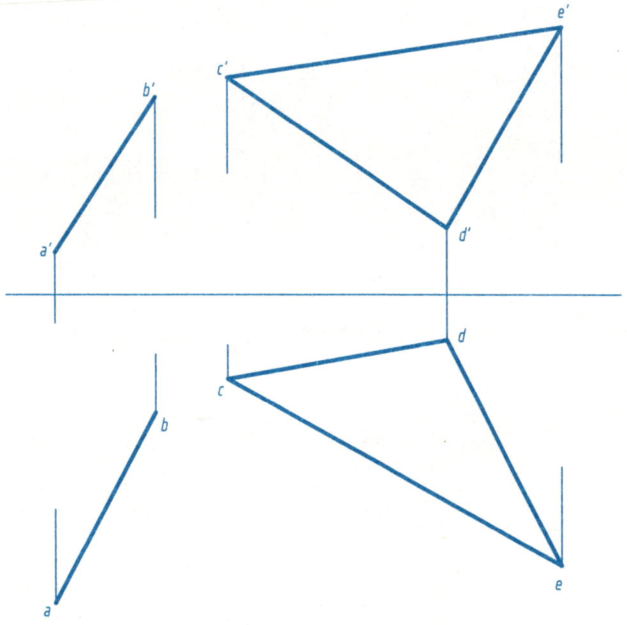

5-8　过点 *A* 作一铅垂面并同时垂直于 Δ*BCD*。

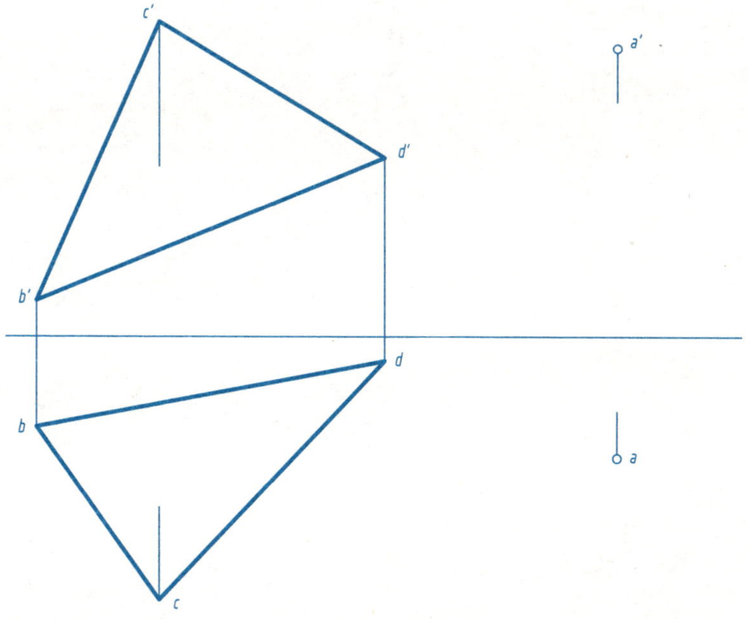

请沿此线整齐裁下

第五章 直线与平面、平面与平面相对位置(4)

5-9 求下列相交两平面交线的投影，并判断可见性。

(1)

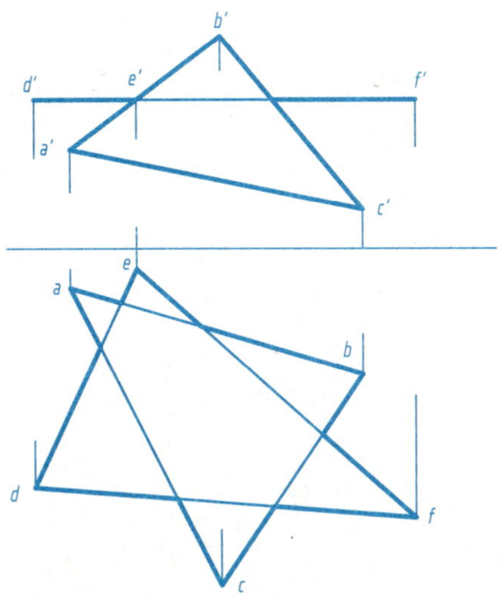

(2)

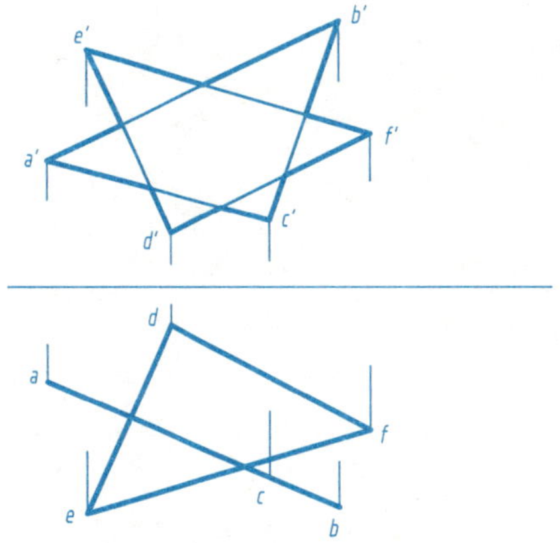

(3)

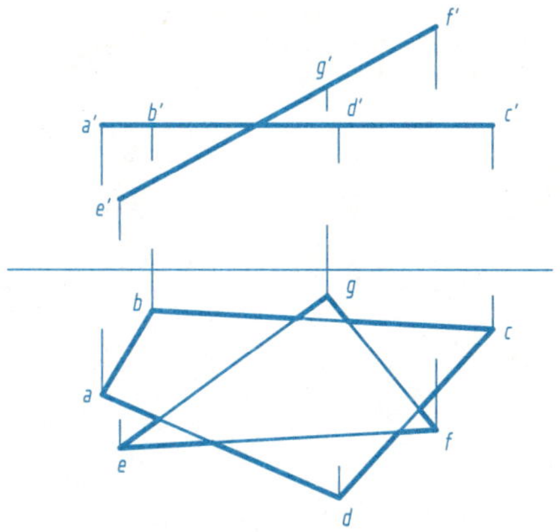

[评语]

[成绩]

(4)

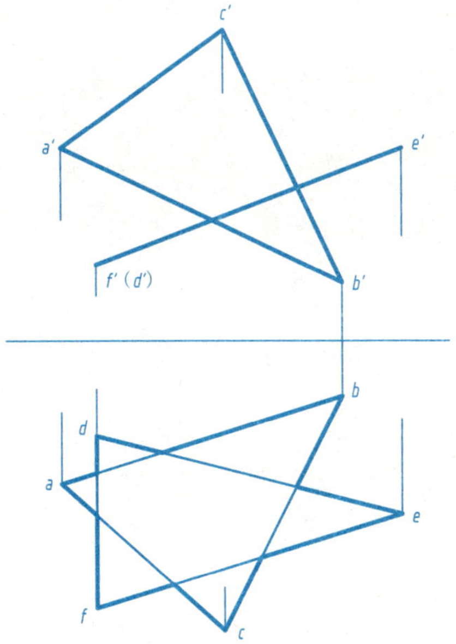

(5)

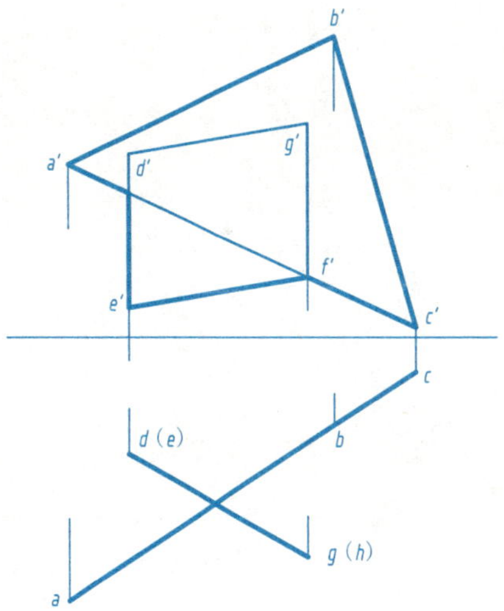

(6)

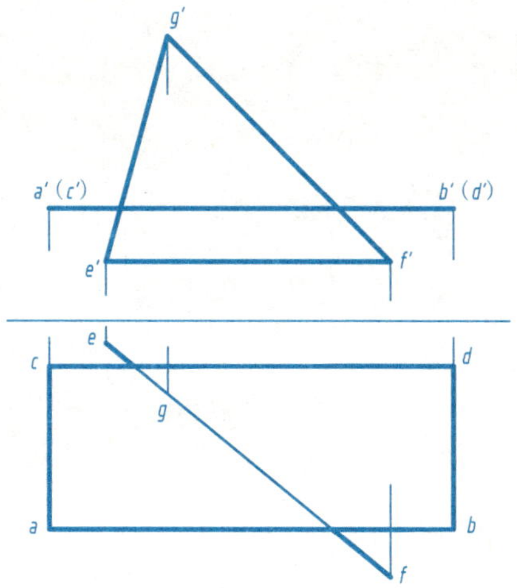

姓名：________ 学号：________

专业：________ 班级：________

请沿此线整齐裁下

请沿此线整齐裁下

5-10 判断下列各直线与平面是否平行，若不平行则求其交点，并判断可见性。

（1）

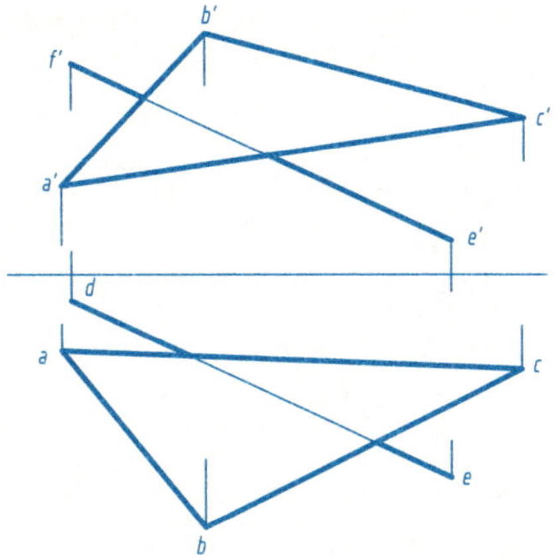

（2）

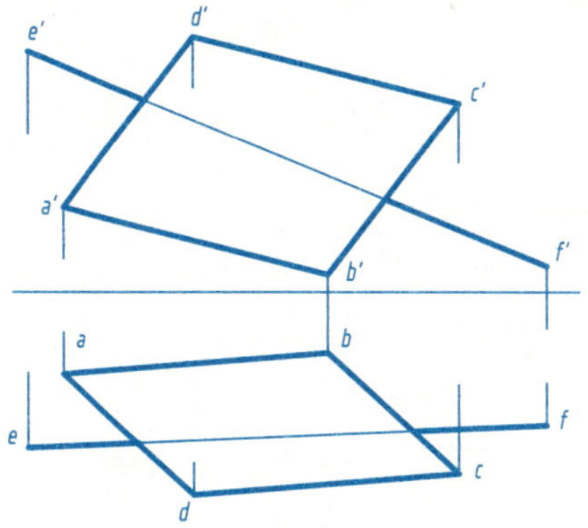

（3）

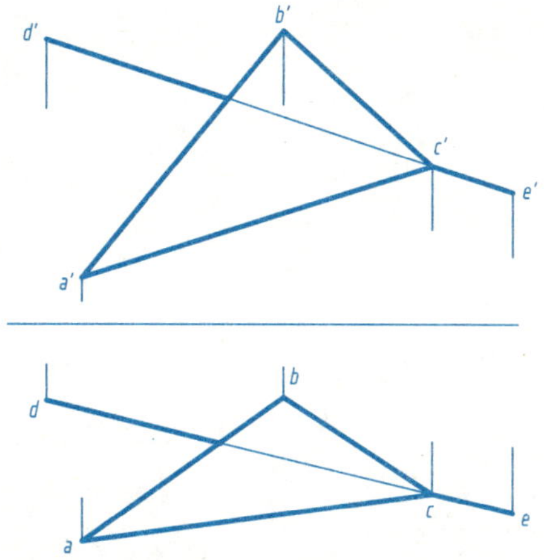

[评语]

[成绩]

5-11 求直线与平面的交点，并判断可见性。

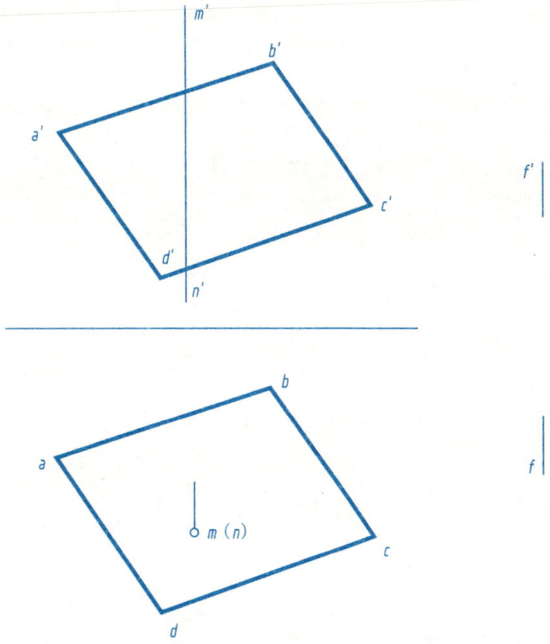

5-12 求直线与棱锥表面的交点，并判断可见性。

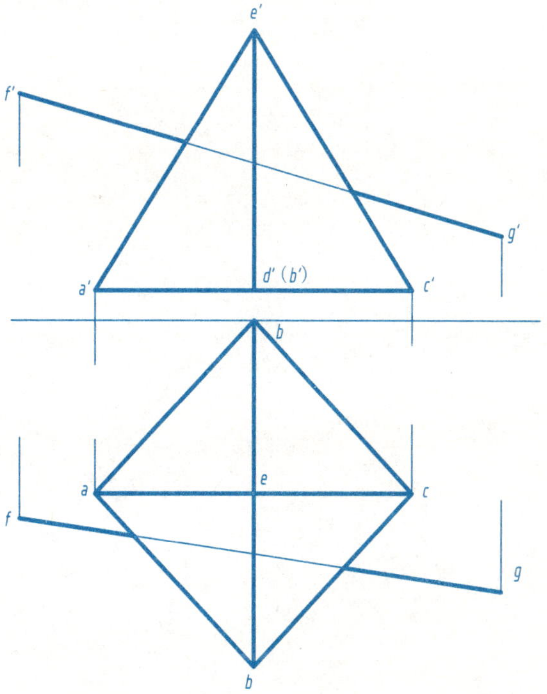

姓名：

学号：

专业：

班级：

请沿此线整齐裁下

请沿此线整齐裁下

[评语]

[成绩]

姓名：

学号：

专业：

班级：

请沿此线整齐裁下

5-13　求两平面的交线 *MN*，并判断可见性。

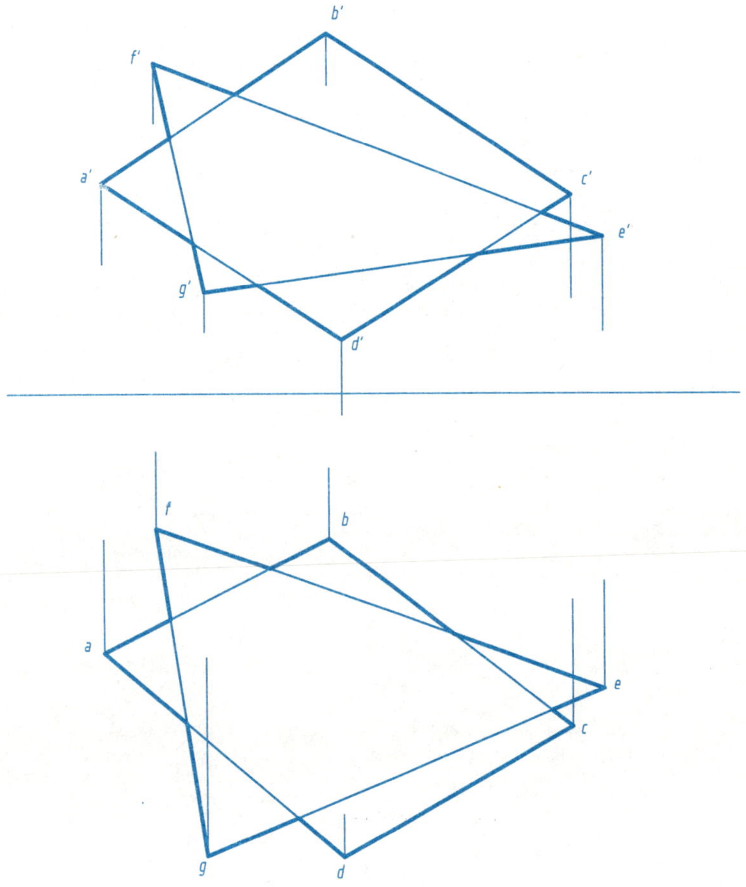

5-14　求两平面的交线 *KL*，并判断可见性。

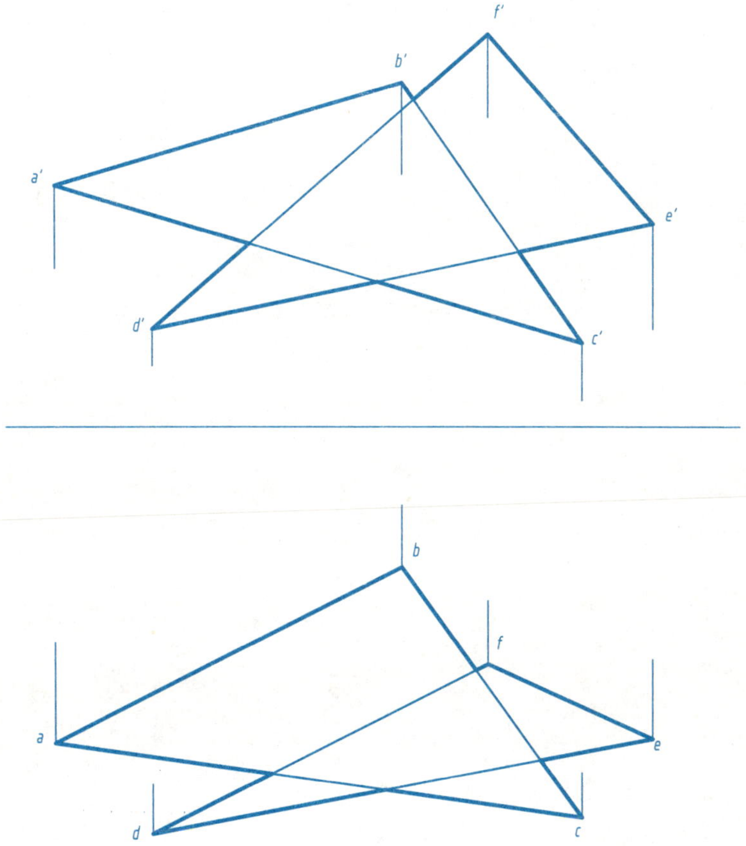

请沿此线整齐裁下

[评语] [成绩]

专业：______ 姓名：______

班级：______ 学号：______

请沿此线整齐裁下

第六章 投影变换（1）

6-1 用换面法求直线 AB 的实长及与 H 面的倾角 α、与 V 面的倾面 β。

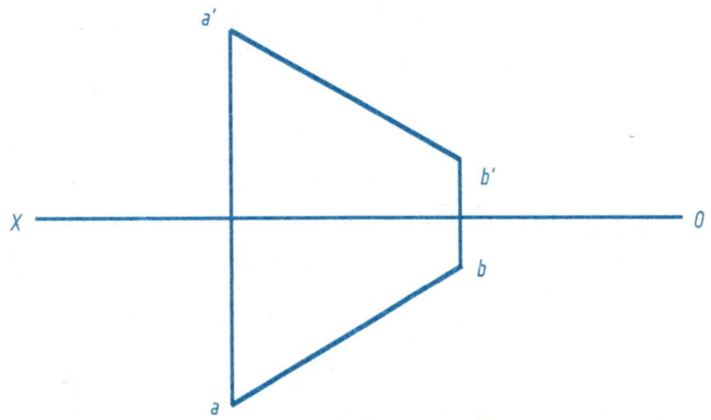

6-2 用换面法将直线 AB 变换为 V_2 面的垂直线。

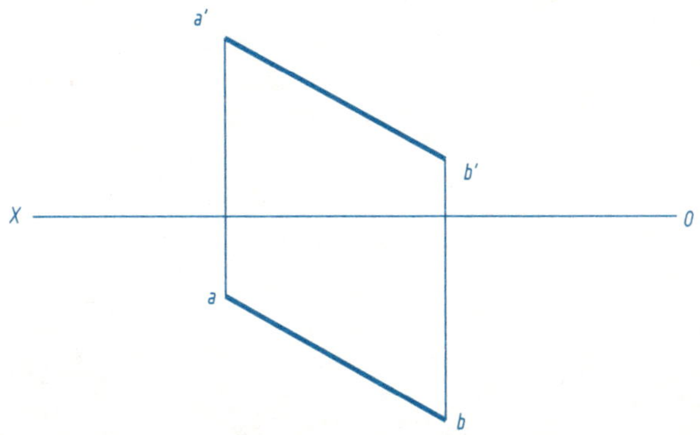

6-3 用换面法求平面 $ABCD$ 与 V 面的倾角 β。

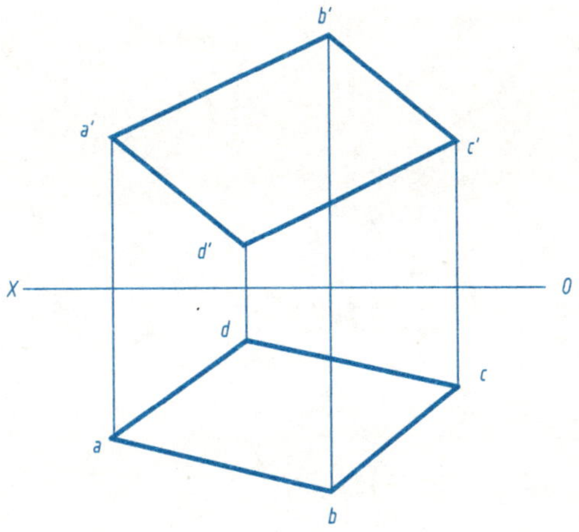

6-4 用换面法求平面 $ABCD$ 的实形。

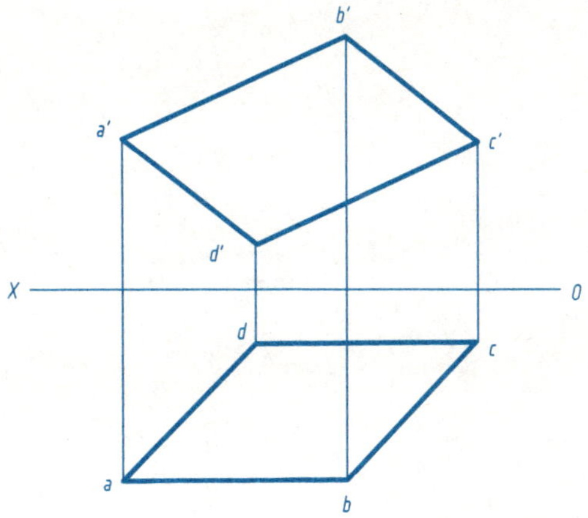

第六章 投影变换(2)

6-5 用换面法求两平行直线 AB 和 CD 之间的距离。

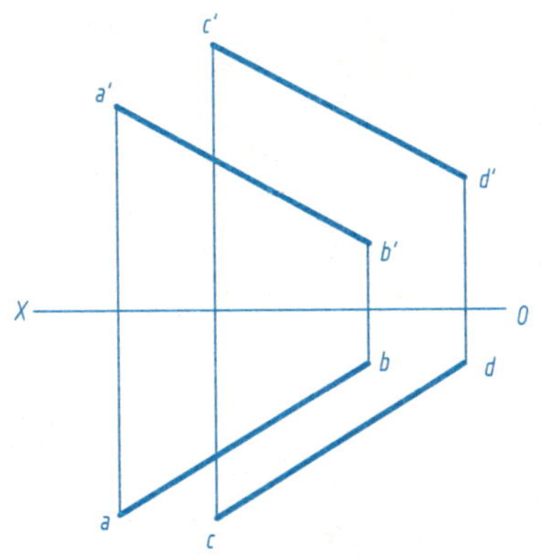

6-6 已知直线 AB 的实长为 25，用换面法补全直线 AB 的 V 投影。

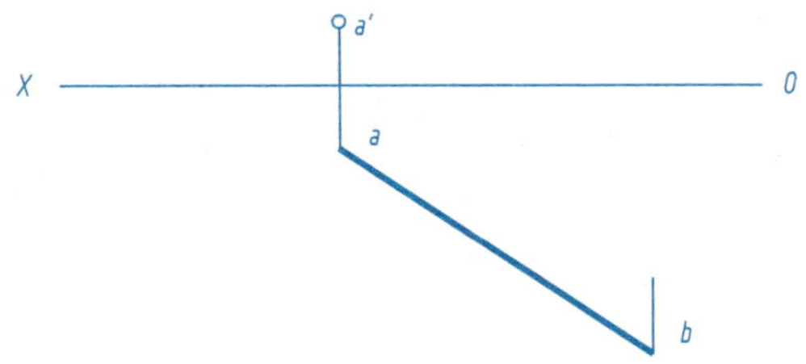

6-7 已知直线 AB 与 V 面的倾角 β 为 30°，试补全直线 AB 的 H 投影。

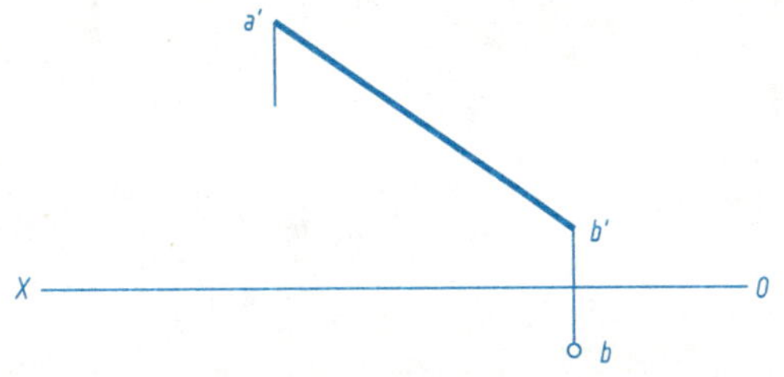

6-8 已知 C 点到直到 AB 的距离为 15，试作出 C 点的 V 投影。

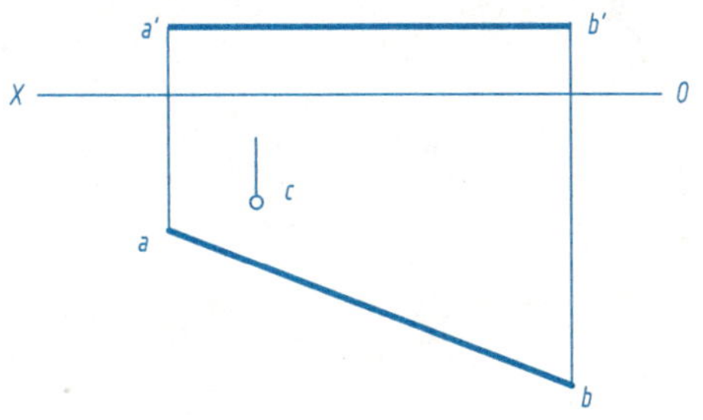

[评语]

[成绩]

姓名：________ 学号：________

专业：________ 班级：________

请沿此线整齐裁下

请沿此线整齐裁下

[评语]　[成绩]

姓名：________　学号：________

专业：________　班级：________

请沿此线整齐裁下

第六章　投影变换(3)

6-9　已知两平行直线 *AB* 和 *CD* 之间的距离为 15，试作出 *CD* 的 *H* 投影。

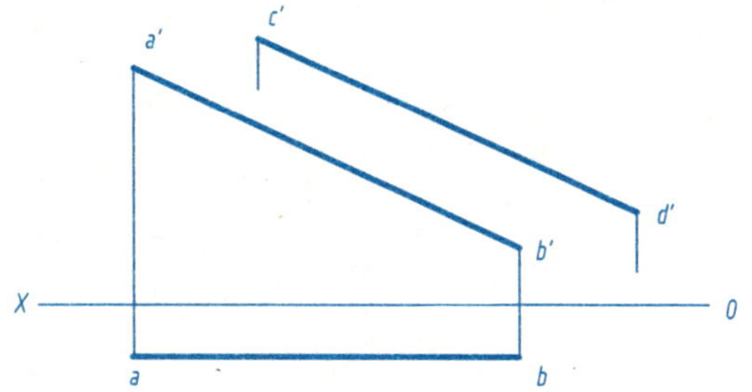

6-10　已知 *D* 点到平面 *ABC* 的距离为 10，试作出 *D* 的 *V* 投影。

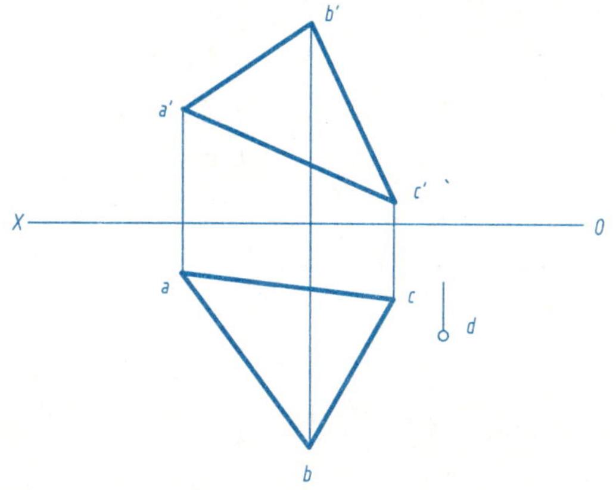

6-11　用换面法补全矩形 *ABCD* 的两面投影。

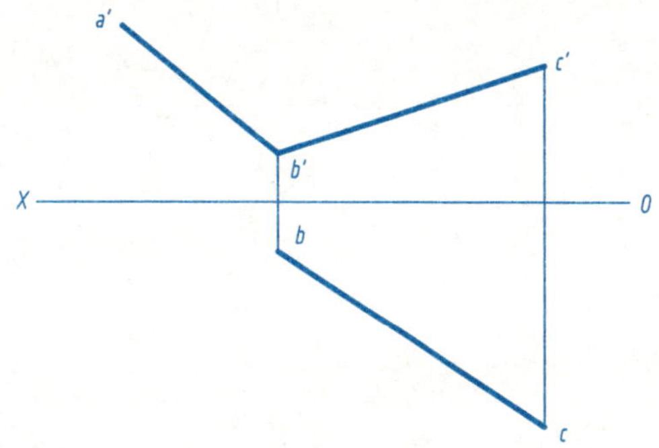

6-12　已知等边三角形 *ABC* 与 *V* 面的倾角 β 为 30°，试补全等边三角形 *ABC* 的两面投影。

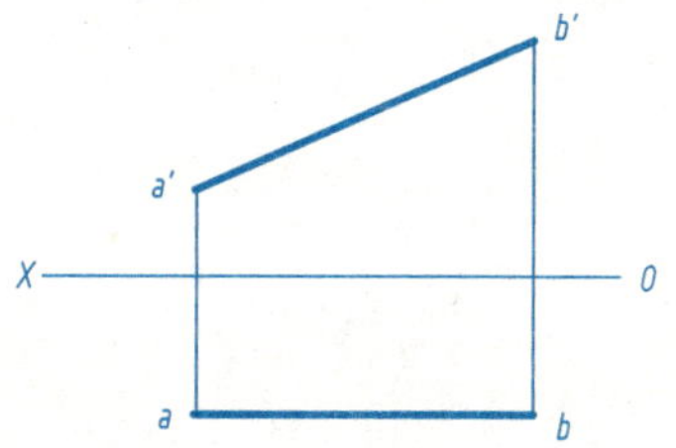

第六章 投影变换(4)

6-13 已知两平行直线 AB 和 CD 之间的距离为 15，试作出 CD 的 H 投影。

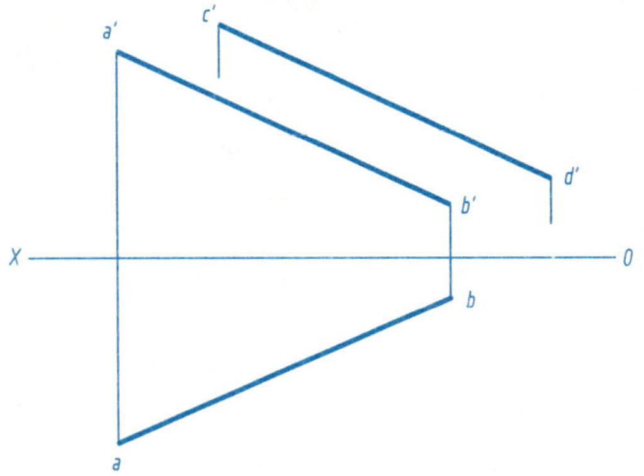

6-14 已知 C 点到直线 AB 的距离为 10，试作出 C 点的 H 投影。

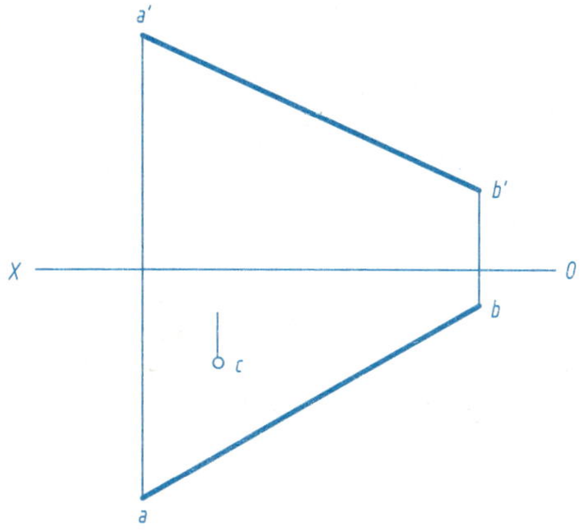

6-15 已知等腰三角形 ABC 的顶点 C 在直线 DE 上，试补全等腰三角 ABC 的两面投影。

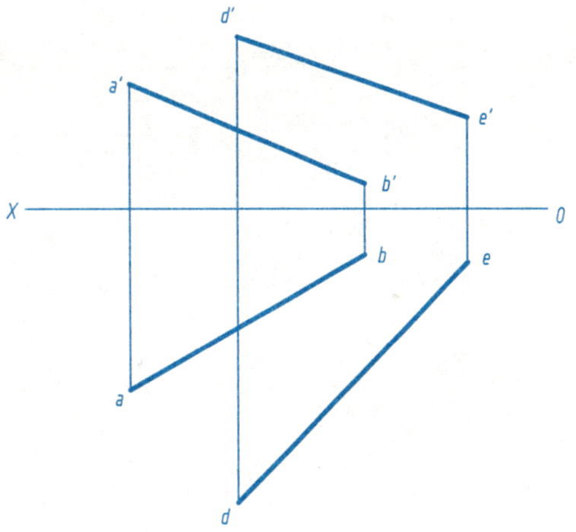

6-16 已知正方形 ABCD 的对角线 BC 在直线 EF 上，试补全正方形的两面投影。

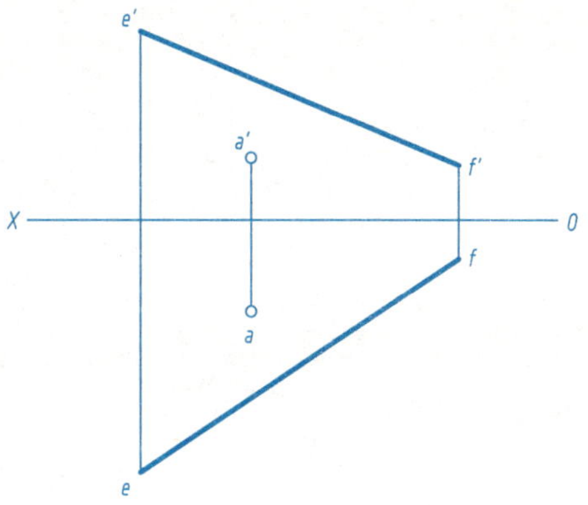

[评语]

[成绩]

姓名：

学号：

专业：

班级：

请沿此线整齐裁下

请沿此线整齐裁下

[评语]

[成绩]

专业：______ 姓名：______

班级：______ 学号：______

请沿此线整齐裁下

6–17 求平面 *ABC* 和平面 *BCD* 夹角的实形。

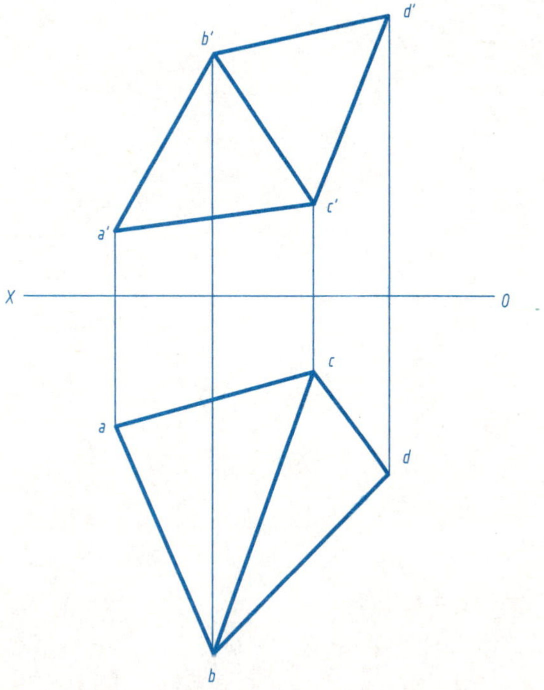

6–18 用换面法求两交叉直线之间的公垂线。

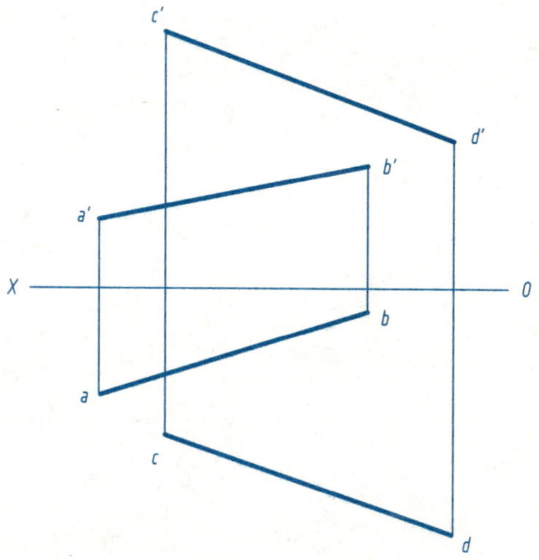

请沿此线整齐裁下

[评语]　[成绩]

姓名：＿＿＿＿　学号：＿＿＿＿

专业：＿＿＿＿　班级：＿＿＿＿

6-19　用旋转法求直线 *AB* 的实长及与 *H* 面的倾角 α、与 *V* 面的倾角 β。

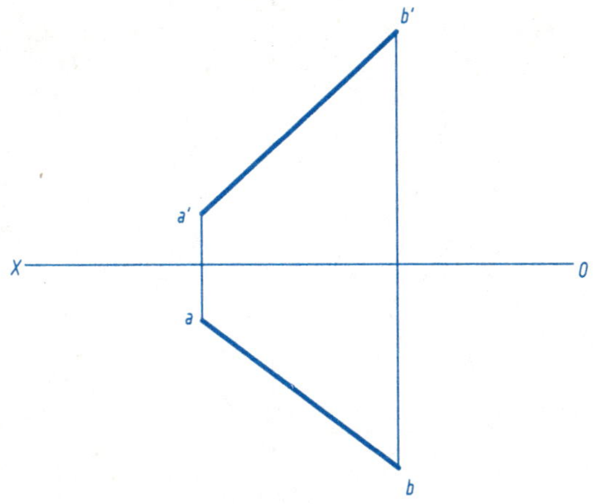

6-20　用旋转法求 *C* 点到直线 *AB* 的距离。

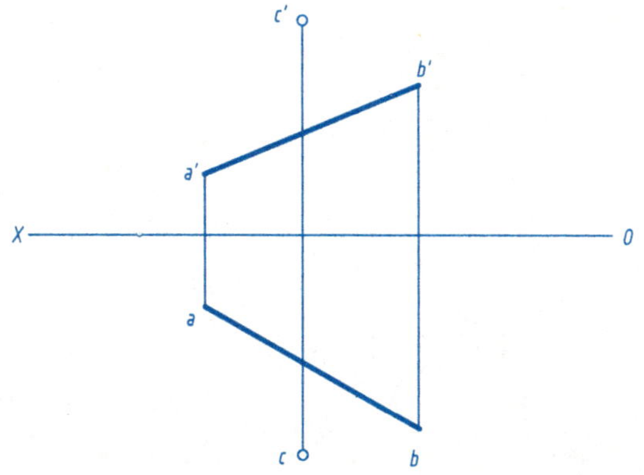

6-21　用旋转法求 *D* 点到平面 *ABC* 的距离。

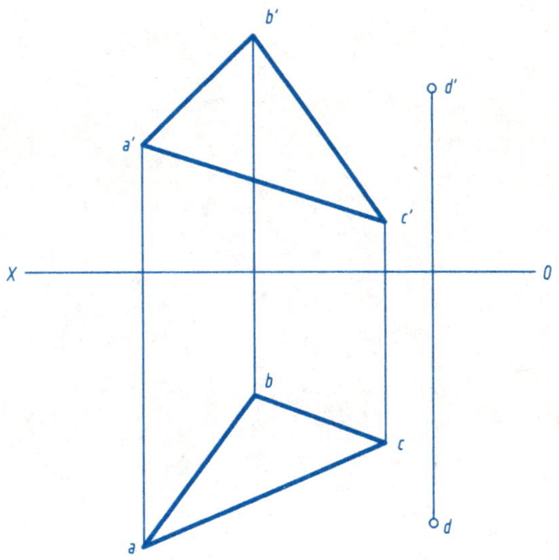

6-22　用旋转法求三角形 *ABC* 的实形。

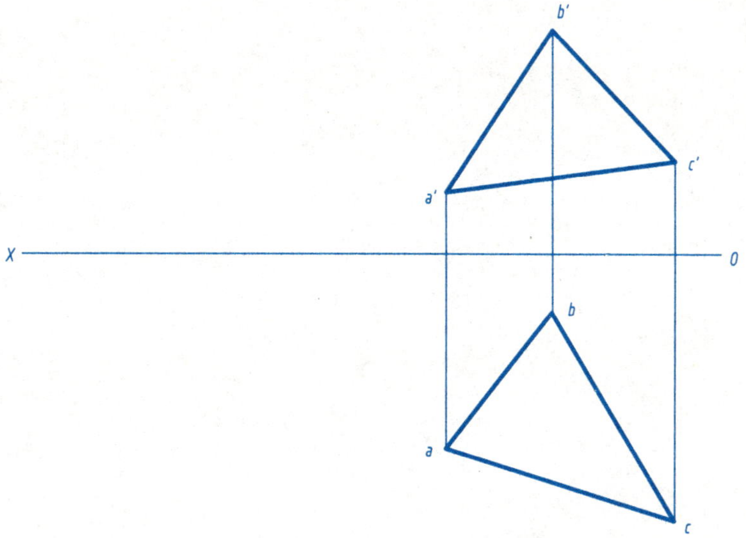

请沿此线整齐裁下

第七章 平面立体的正投影(1)

7-1 已知圆心 O 的两面投影，圆的直径为 30mm，圆所在的平面为正垂面，α=30°，试作出圆的两面投影。

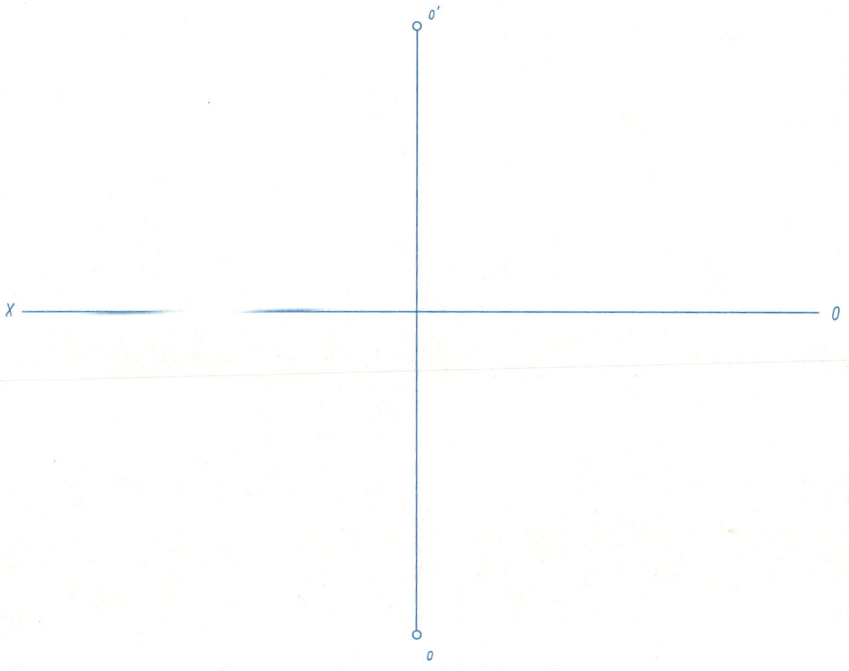

7-2 在平面 KLMN 上有一圆，已知圆心 O 的 H 投影，圆的直径为 30mm，试作出圆的两面投影。

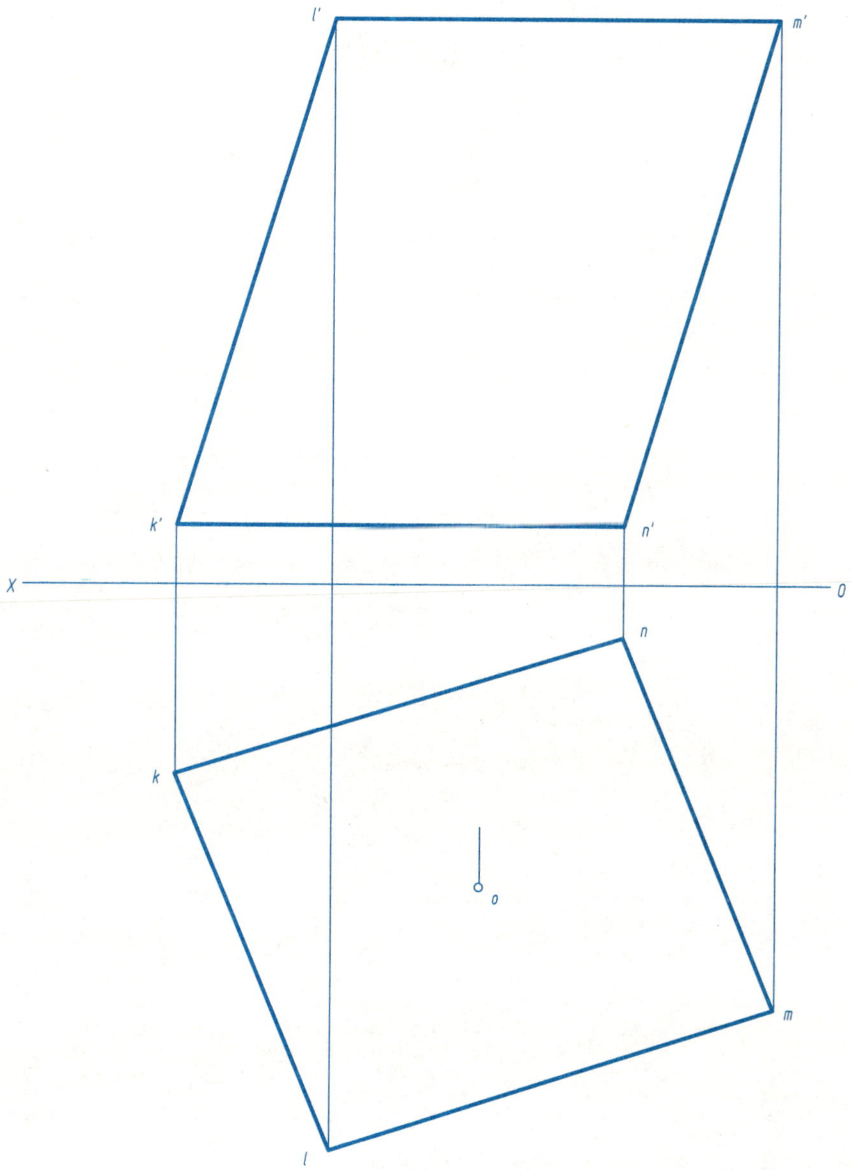

请沿此线整齐裁下

[评语]

[成绩]

姓名：

学号：

专业：

班级：

请沿此线整齐裁下

第七章　平面立体的正投影（2）

7-3　已知圆柱螺旋线（左旋）的导圆柱及螺距 h，试作出其投影。

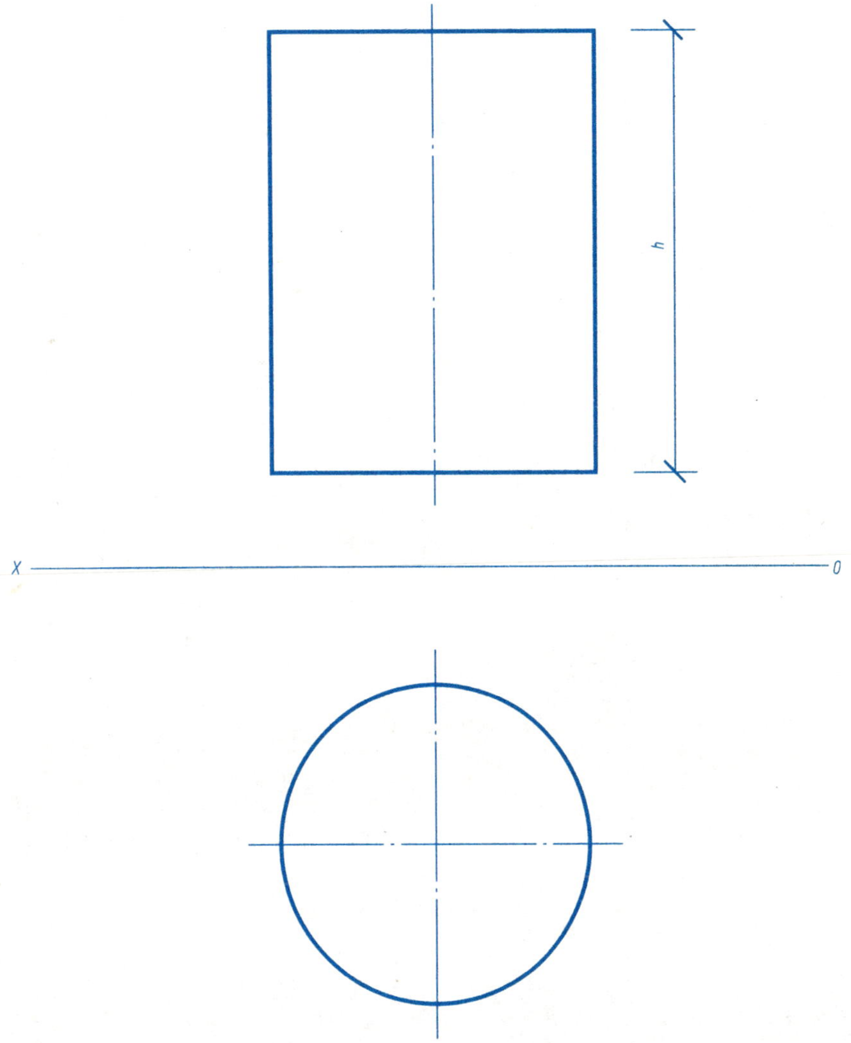

7-4　已知单叶双曲回转面的直母线 AB 及轴线 OO_1，试作出其投影。

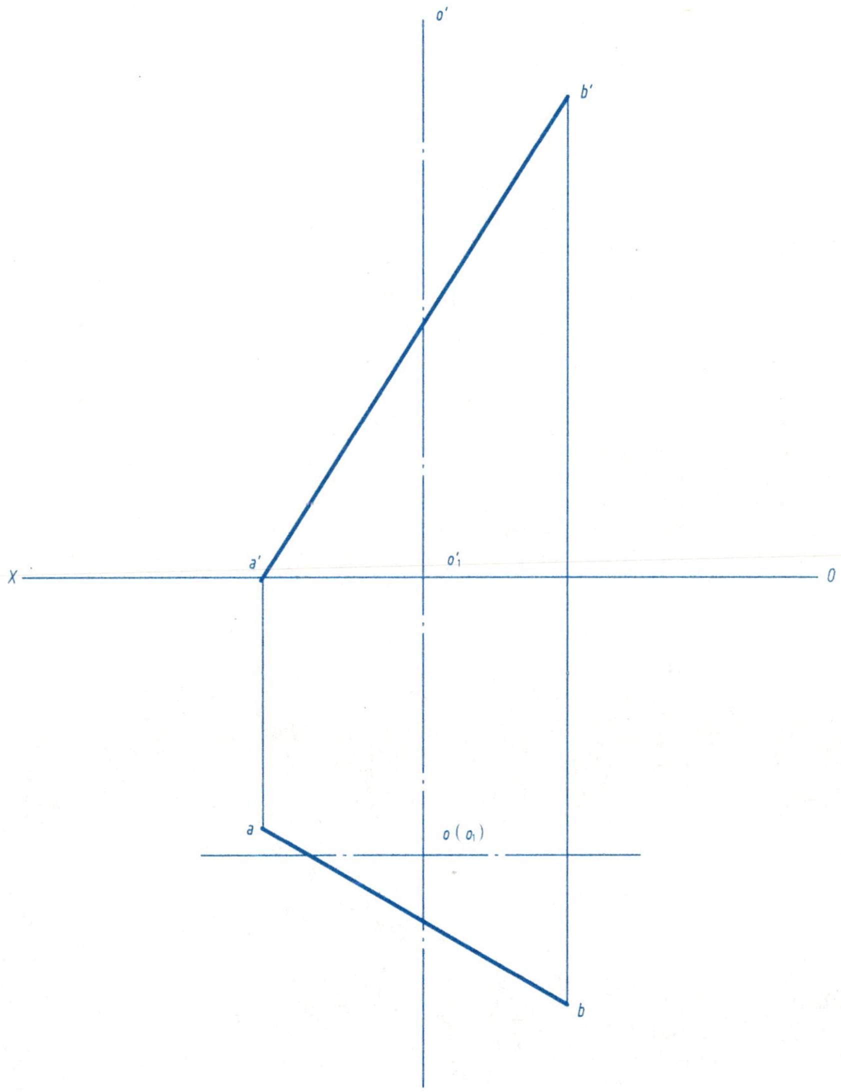

[评语]　[成绩]

专业：________ 姓名：________

班级：________ 学号：________

请沿此线整齐裁下

7-5　已知双曲抛物面的两直导线为 *KL* 和 *MN*，导平面为 *V* 面，试作出其投影。

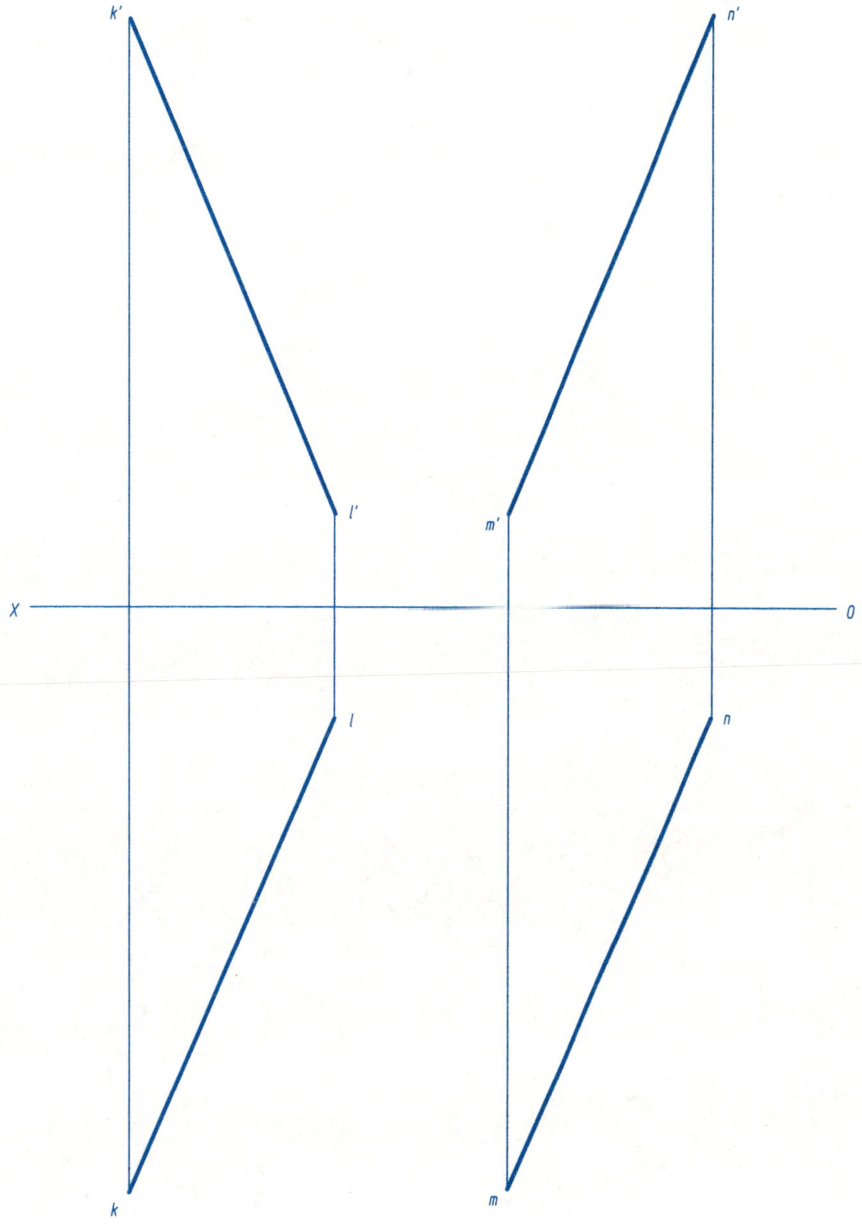

7-6　以曲线 *KL* 和 *MN* 为导线，*V* 面为导平面，试作出柱状面的投影。

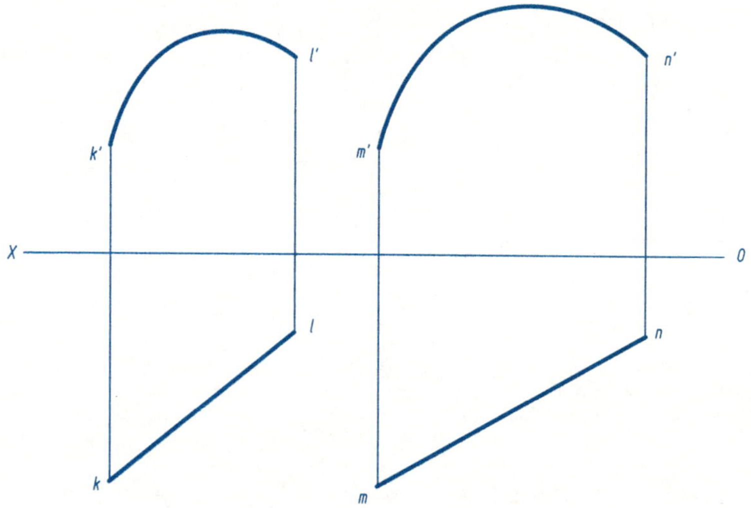

7-7　以直线 *KL* 和曲线 *MN* 为导线。*V* 面为导平面，试作出锥状面的投影。

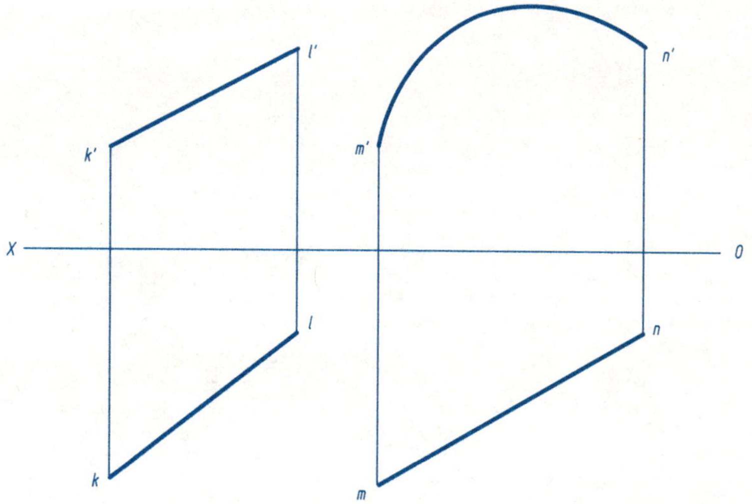

[评语]　[成绩]

姓名：______ 学号：______

专业：______ 班级：______

请沿此线整齐裁下

第七章　平面立体的正投影（4）

7-8　已知右向旋转楼梯的水平投影，及旋转一周的高程 h，试作出其投旋转楼梯的正面投影（梯板厚度自定。）

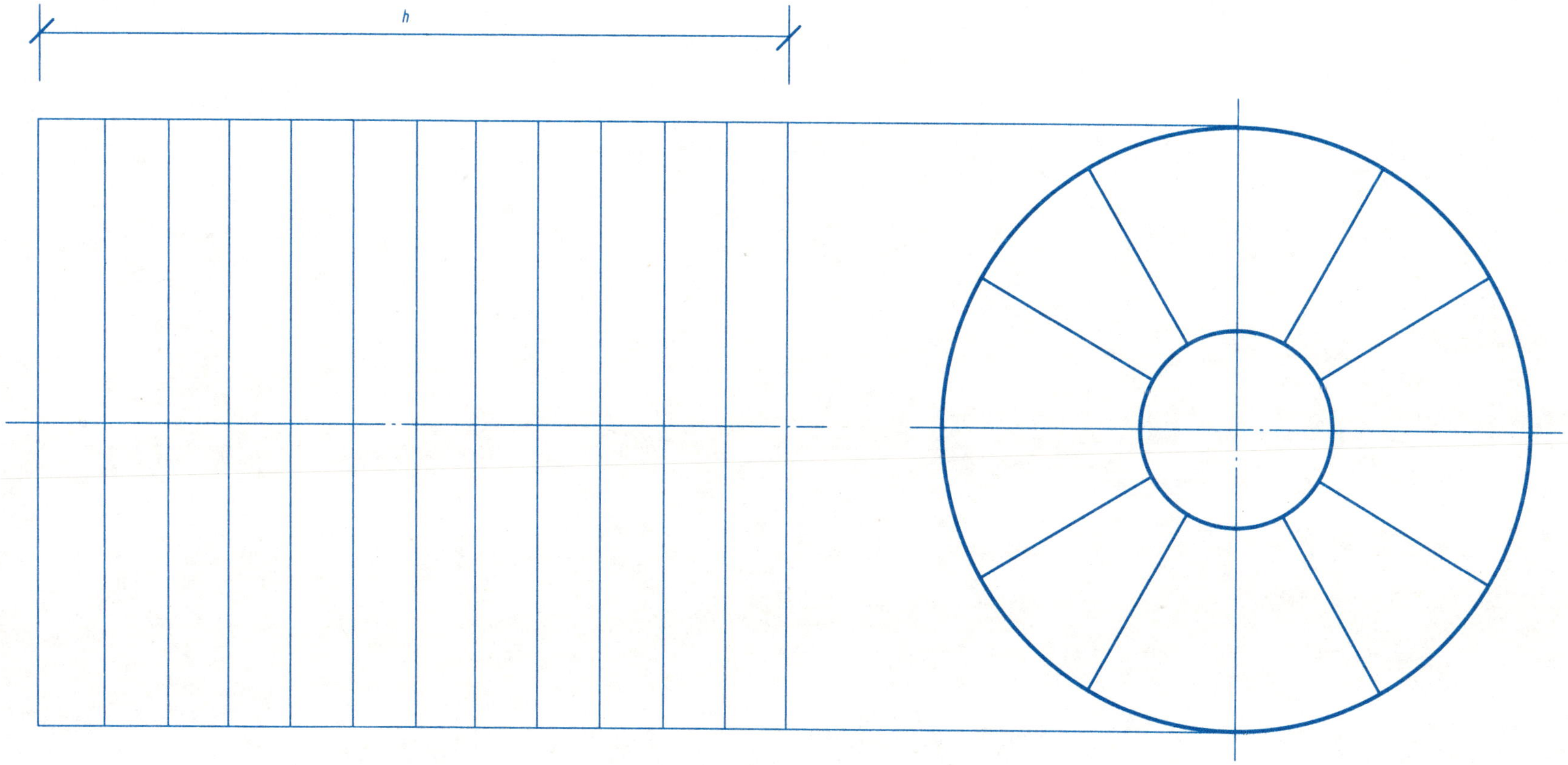

请沿此线整齐裁下

[评语]

[成绩]

姓名：

学号：

专业：

班级：

请沿此线整齐裁下

第八章　曲面立体的正投影(1)

8–1　作出三棱柱的侧面投影，并补全三棱柱表面上各点的三面投影。

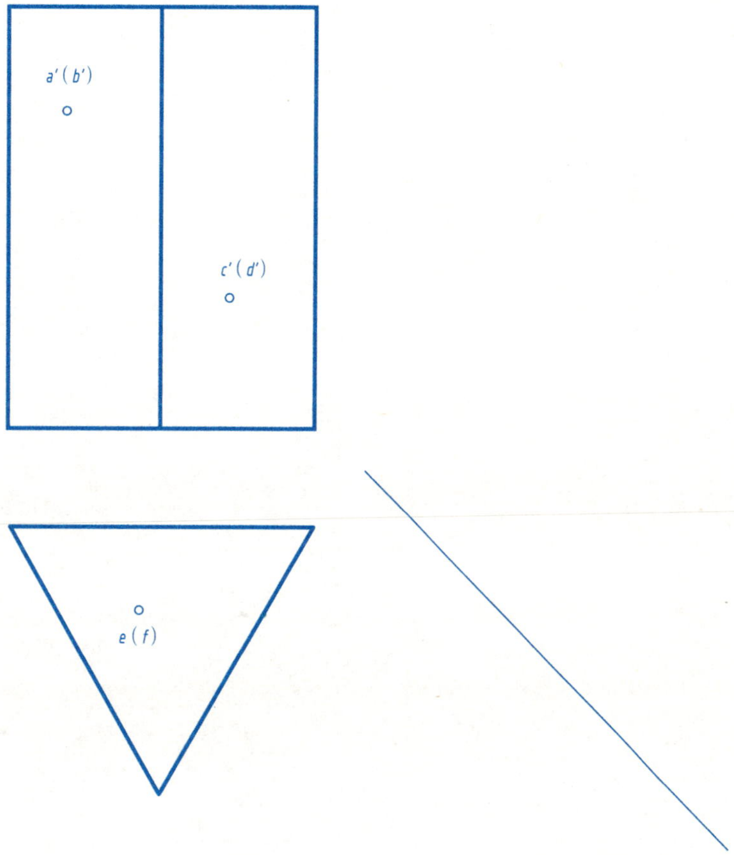

8–2　作出五棱柱的水平投影，并补全五棱柱表面上各点的三面投影。

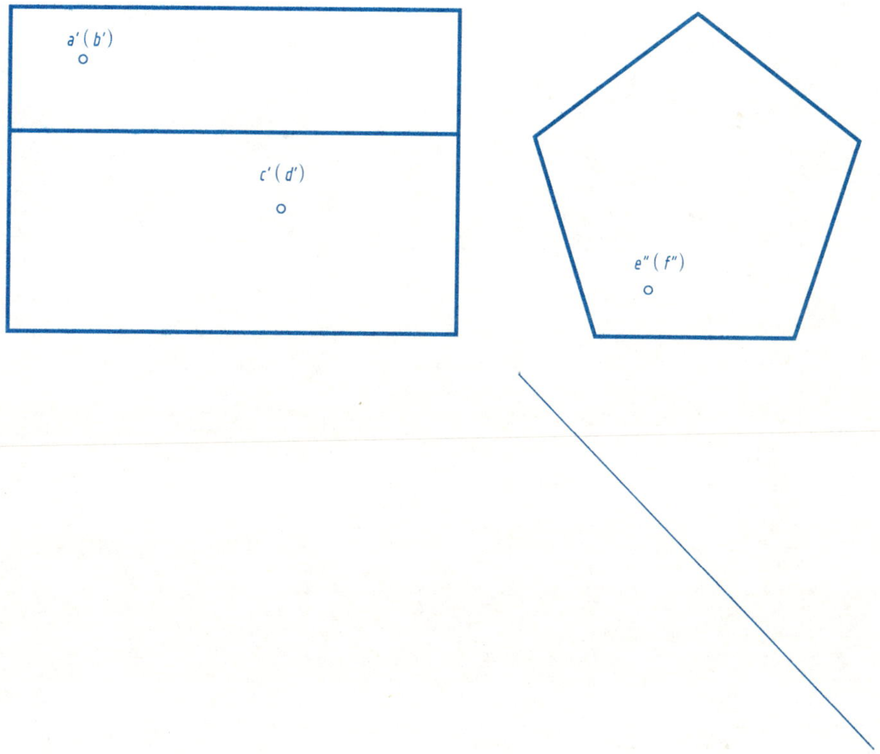

8-3　作出四棱锥的侧面投影，并补全四棱锥表面上各点的三面投影。

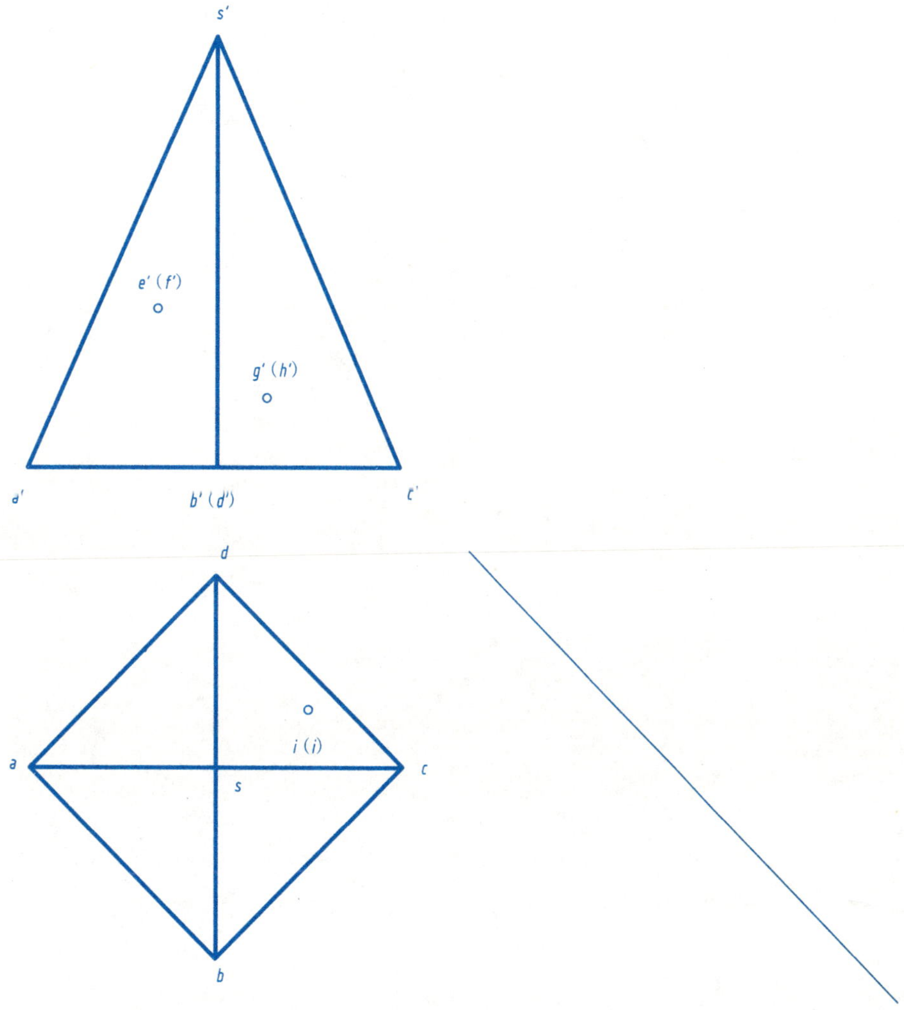

8-4　作出三棱锥的侧面投影，并补全三棱锥表面上折线 *KMN* 的三面投影。

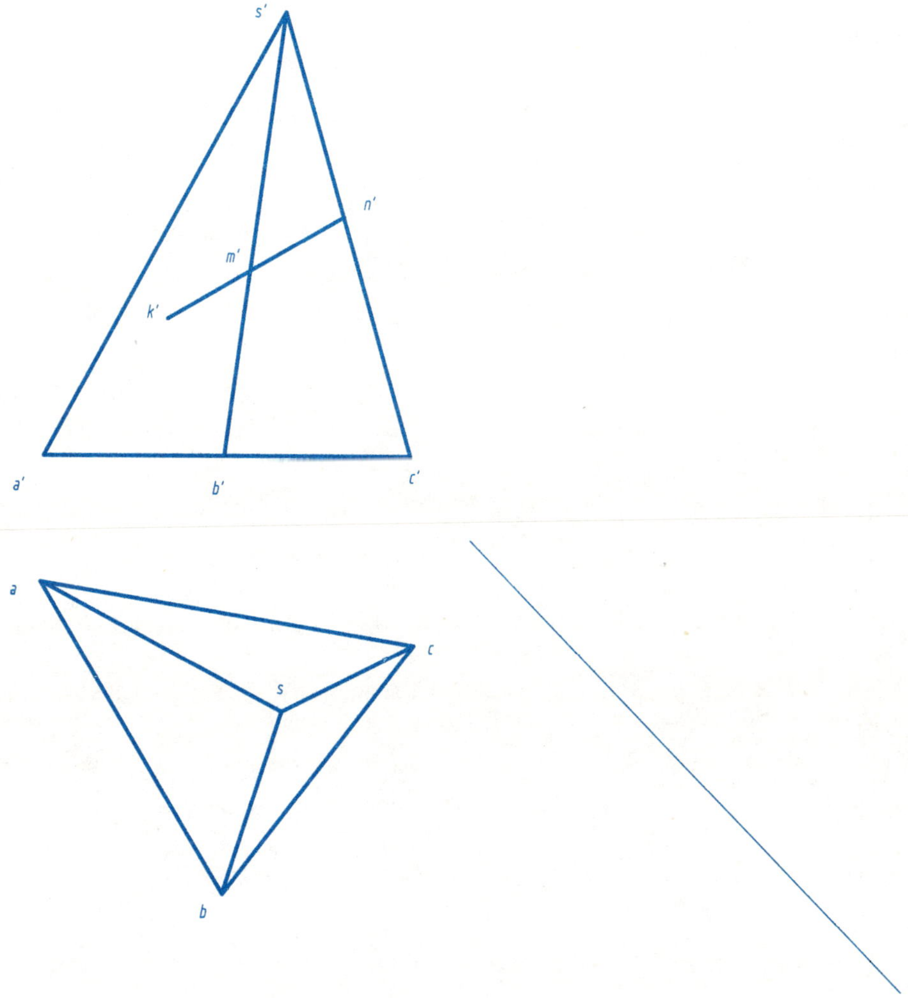

请沿此线整齐裁下

[评语]　[成绩]

姓名：________　学号：________

专业：________　班级：________

请沿此线整齐裁下

请沿此线整齐裁下

专业：________ 姓名：________ [评语]

班级：________ 学号：________ [成绩]

8-5 补全被截切后四棱锥的水平投影及侧面投影。

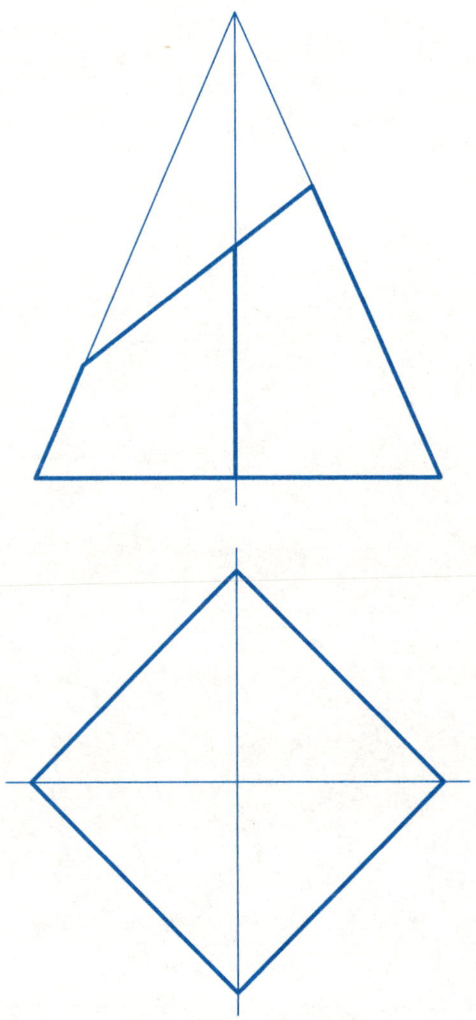

8-6 补全被截切后三棱锥的水平投影，并作出其侧面投影。

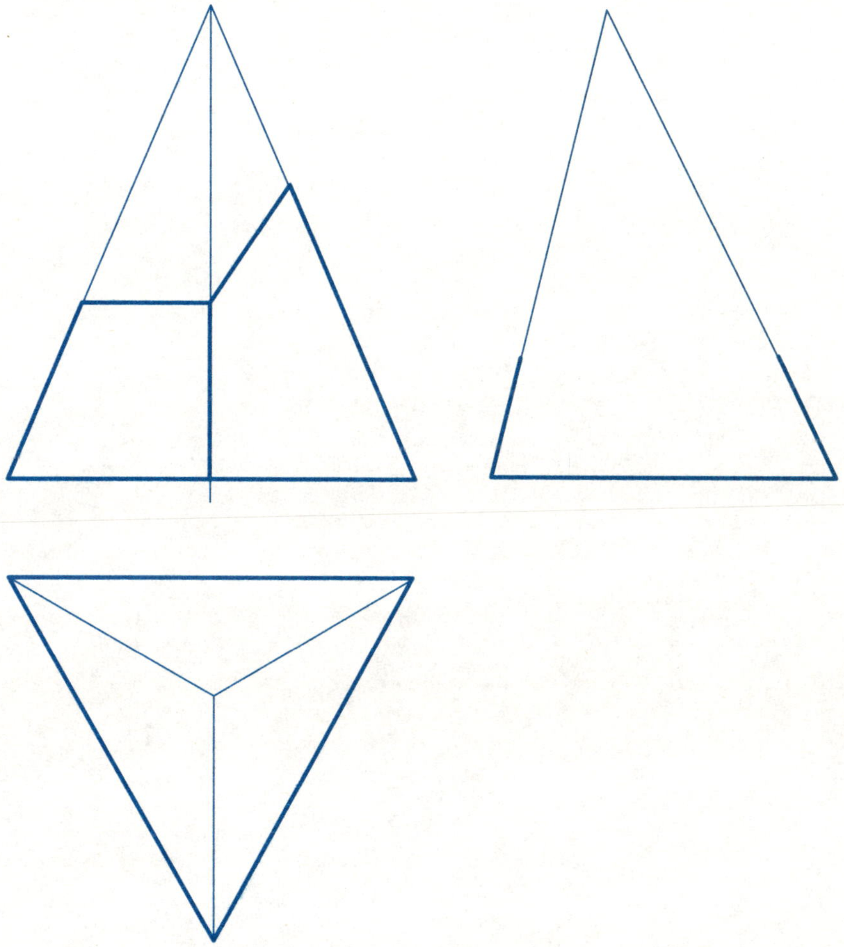

请沿此线整齐裁下

第八章　曲面立体的正投影（4）

8-7　补全被截切后四棱柱的水平投影，并作出其侧面投影。

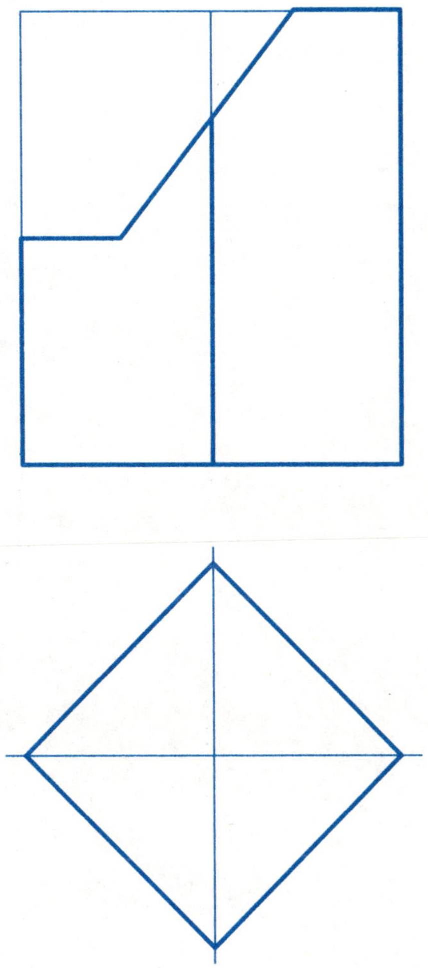

8-8　补全被截切后三棱锥的水平投影，并作出其侧面投影。

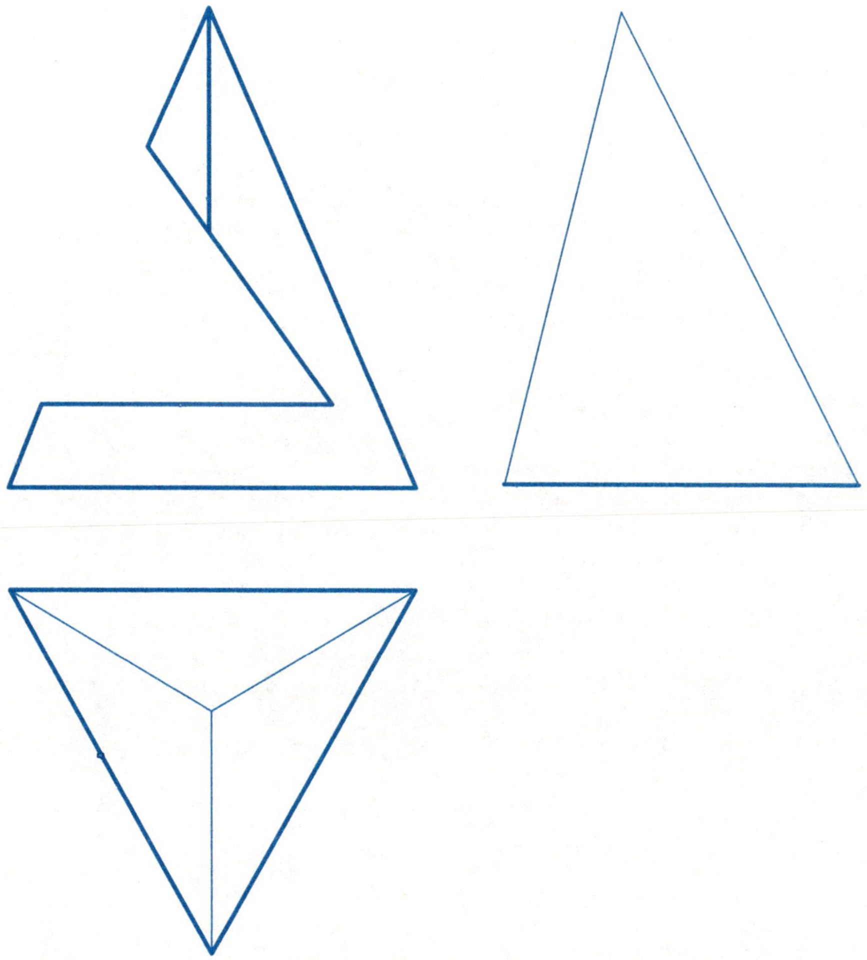

[评语]　[成绩]

姓名：________　学号：________

专业：________　班级：________

请沿此线整齐裁下

请沿此线整齐裁下

[评语]

[成绩]

姓名：________ 学号：________

专业：________ 班级：________

第八章 曲面立体的正投影(5)

8-9 补全被截切后四棱锥的水平投影及侧面投影。

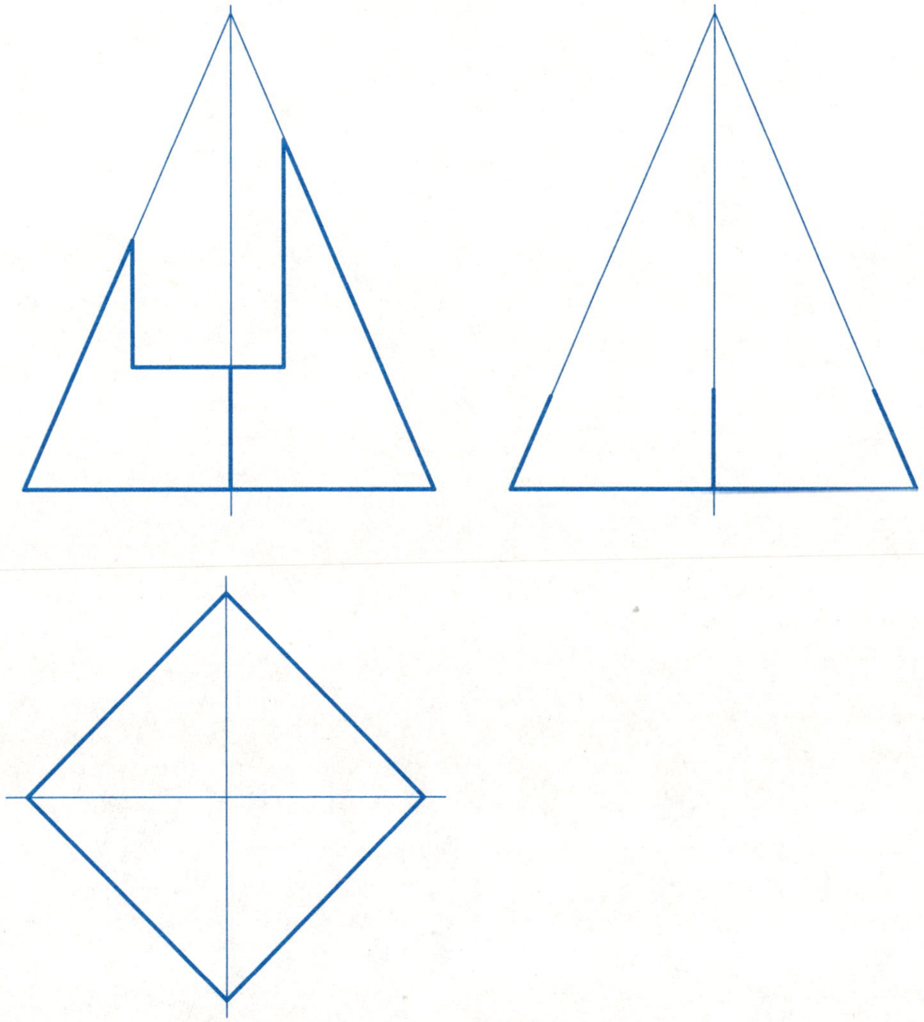

8-10 补全被截切后四棱台的水平投影及侧面投影。

请沿此线整齐裁下

第八章　曲面立体的正投影(6)

【评语】

【成绩】

姓名：________ 学号：________

专业：________ 班级：________

8–11　补全圆柱表面上各点和线的三面投影。

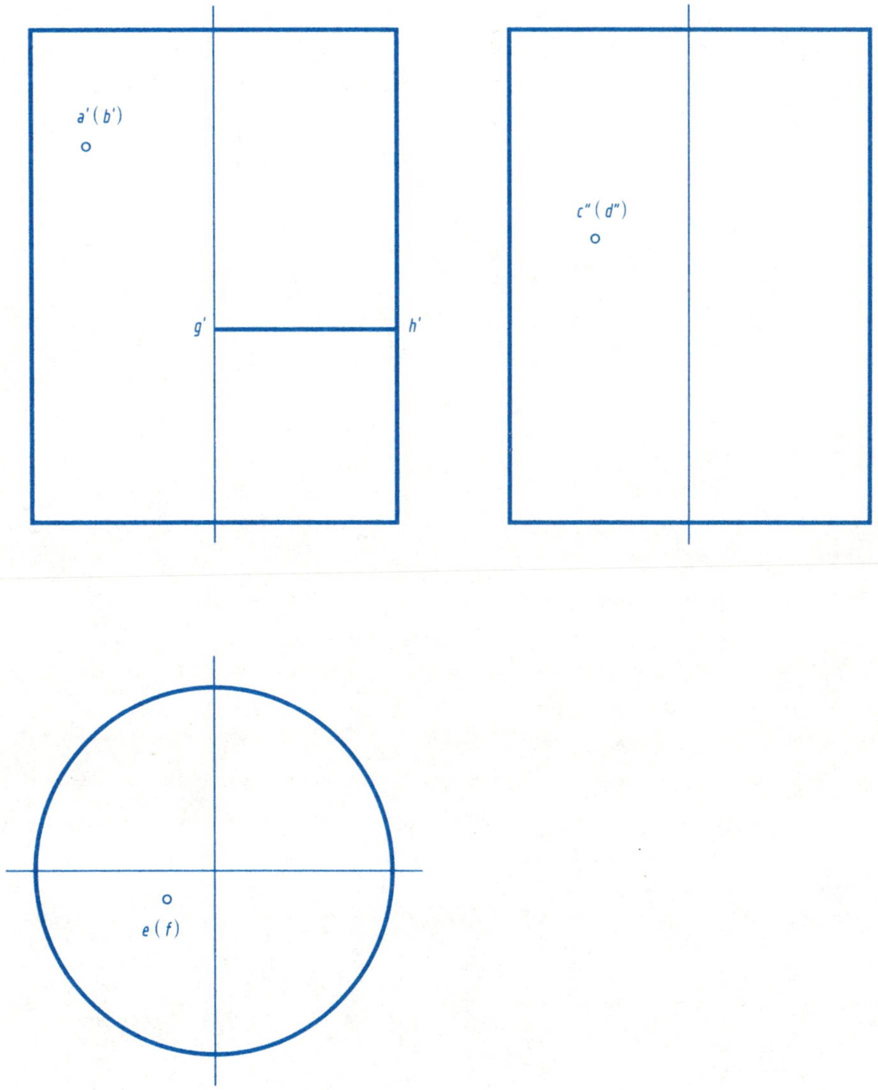

8–12　补全圆锥表面上各点和线的三面投影。

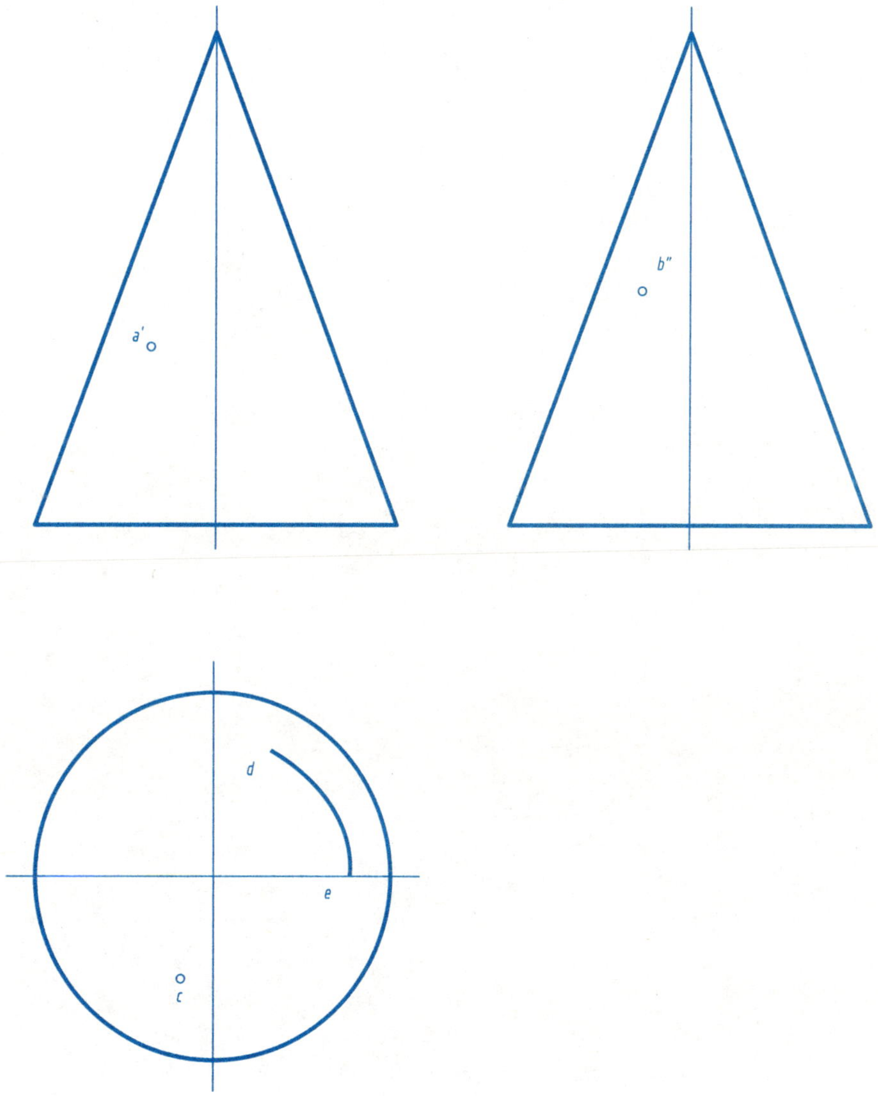

请沿此线整齐裁下

第八章 曲面立体的正投影（7）

[评语]

[成绩]

姓名：________ 学号：________

专业：________ 班级：________

8-13 补全球面上各点和线的三面投影。

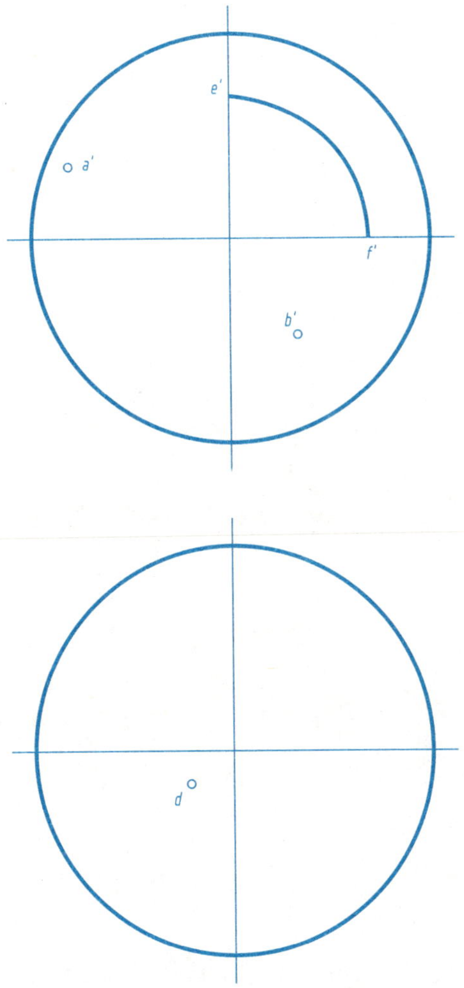

8-14 补全圆环表面上各点的三面投影。

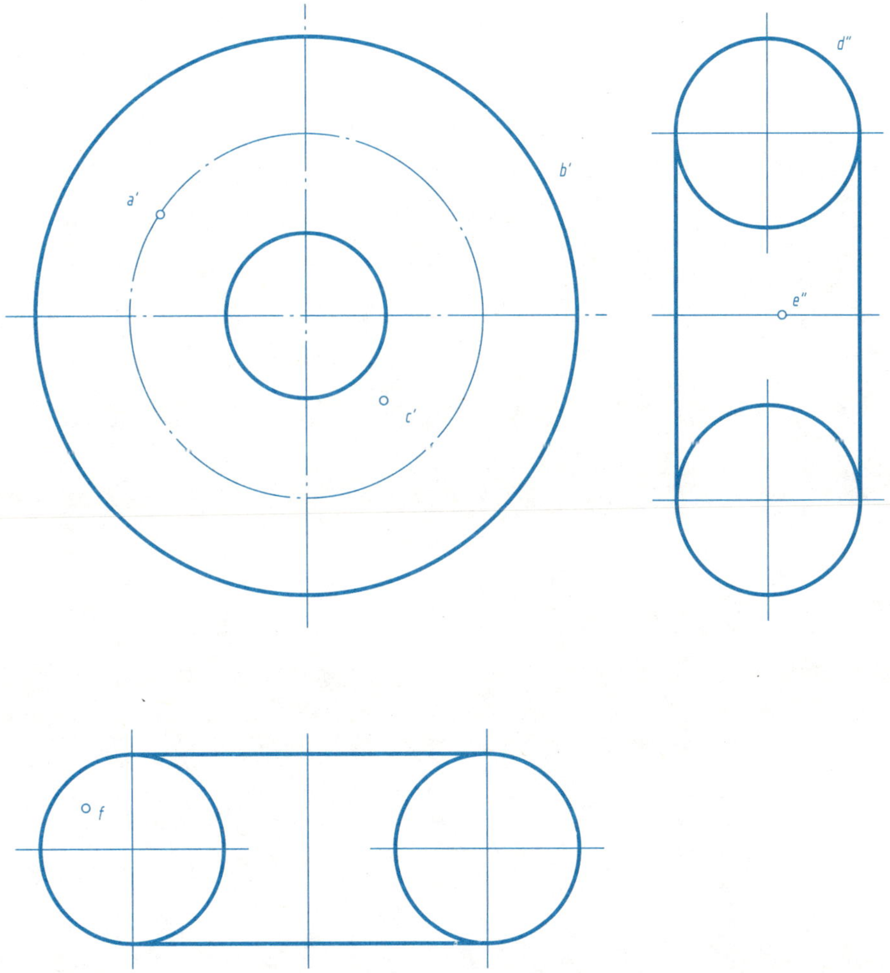

8-15　补全截切后圆柱的侧面投影，并作出其水平投影。

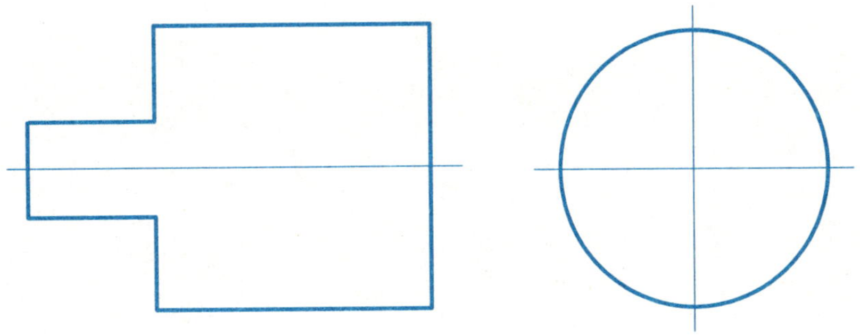

8-16　补全截切后圆柱的侧面投影，并作出其水平投影。

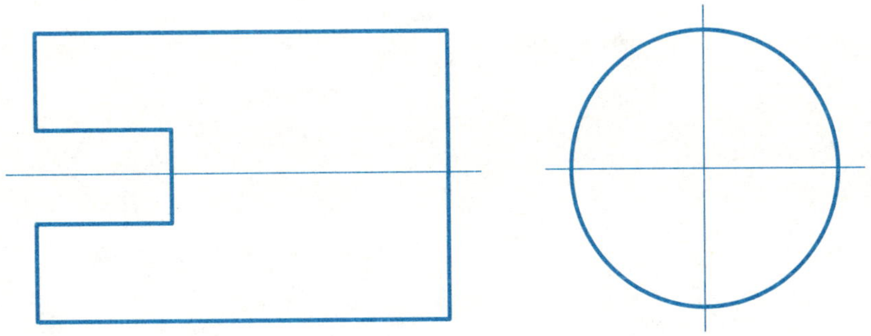

8-17　作出截切后圆柱的侧面投影。

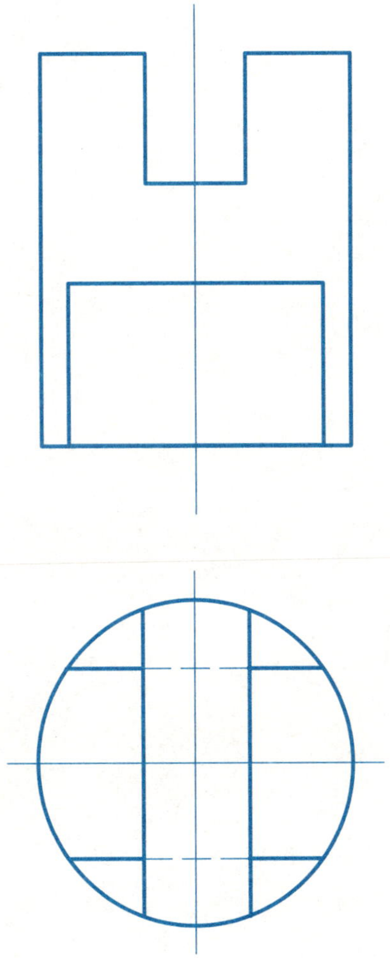

请沿此线整齐裁下

[评语]　[成绩]

姓名：________　学号：________

专业：________　班级：________

请沿此线整齐裁下

[评语]
[成绩]

专业：______ 姓名：______
班级：______ 学号：______

第八章　曲面立体的正投影(9)

8-18　补全截切后圆柱的水平投影，并作出其侧面投影。

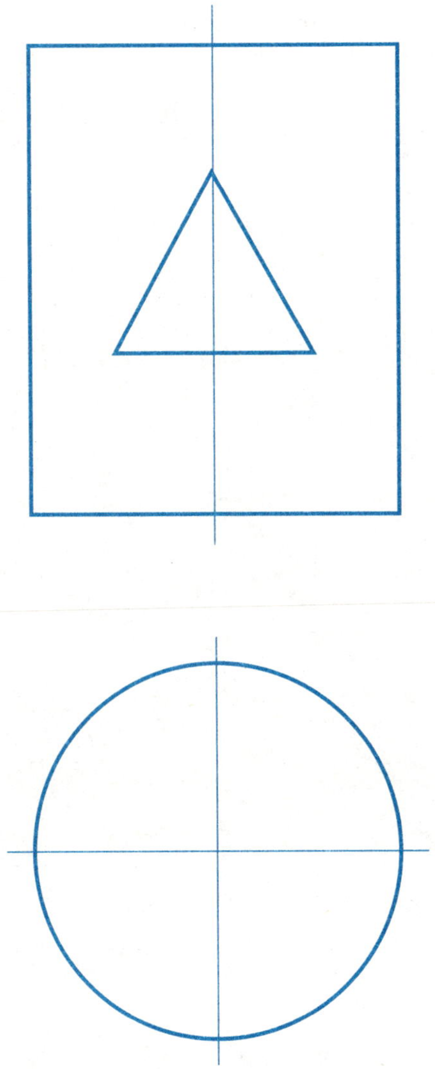

8-19　补全截切后圆锥的水平投影和侧面投影。

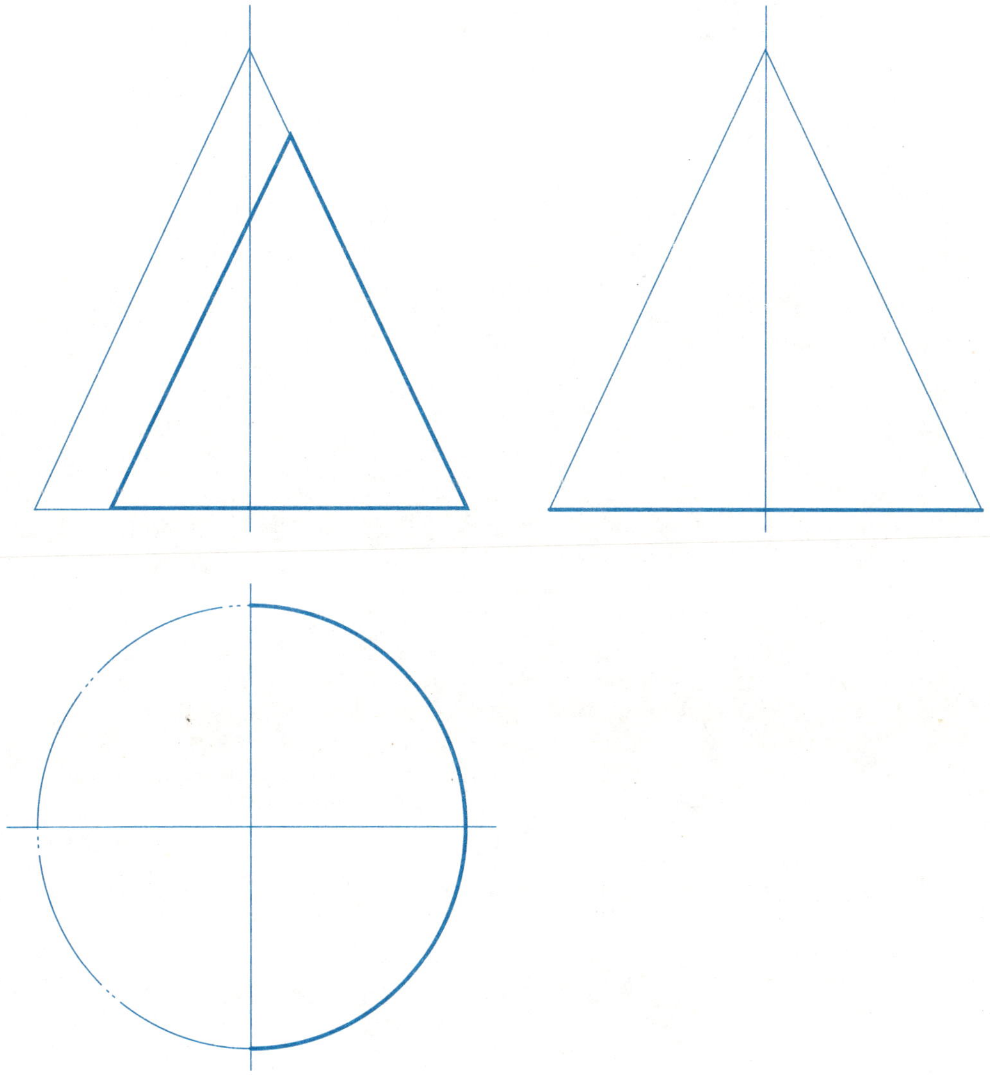

请沿此线整齐裁下

请沿此线整齐裁下

[评语]

[成绩]

专业：________ 姓名：________

班级：________ 学号：________

8-20 补全截切后圆锥的水平投影和侧面投影。

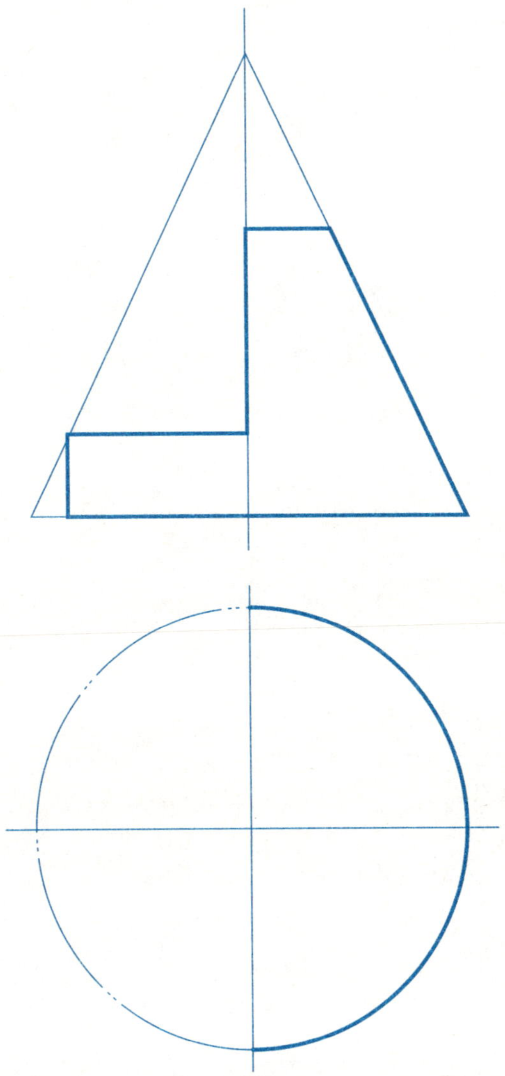

8-21 补全截切后圆锥的水平投影和侧面投影。

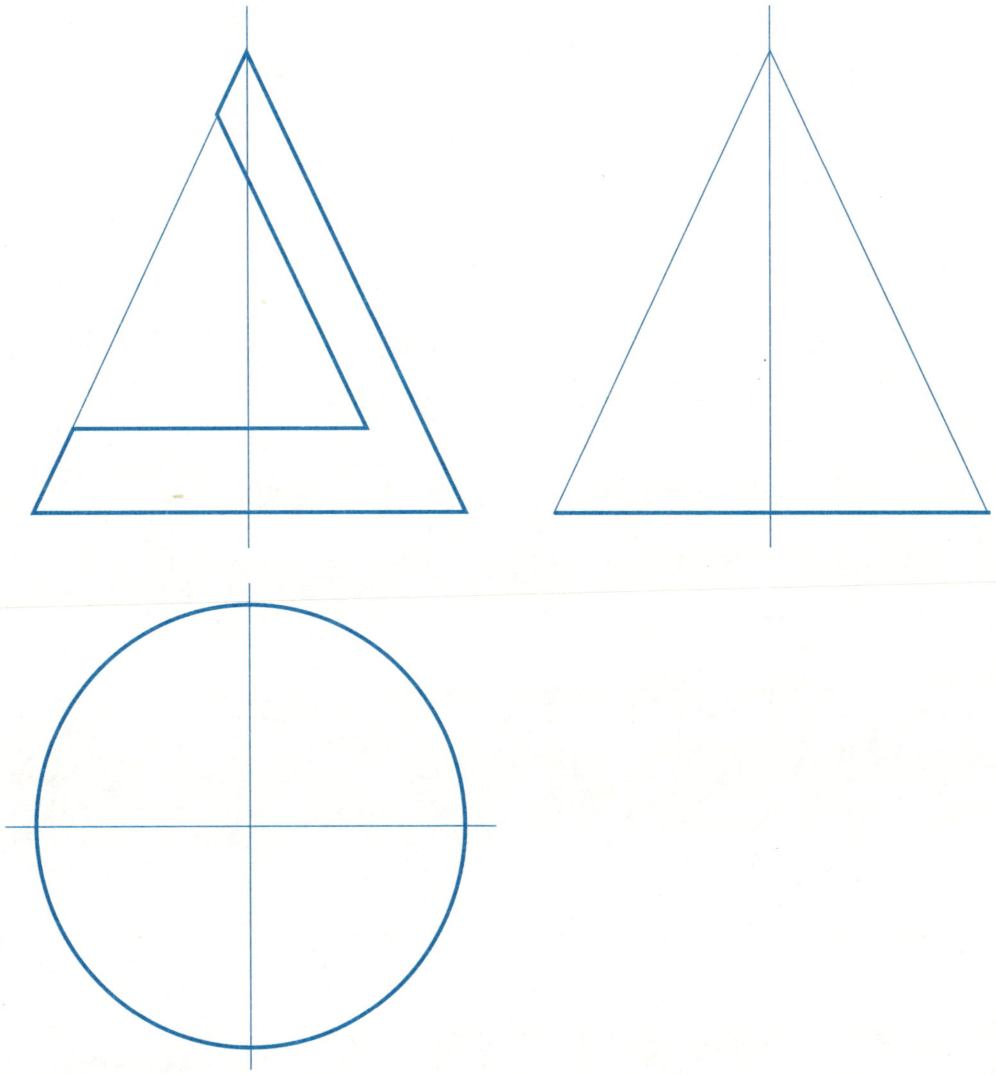

请沿此线整齐裁下

请沿此线整齐裁下

[评语]　[成绩]

姓名：________　学号：________

专业：________　班级：________

8-22　已知截切后半球的侧面投影，试作出其水平投影和正面投影。

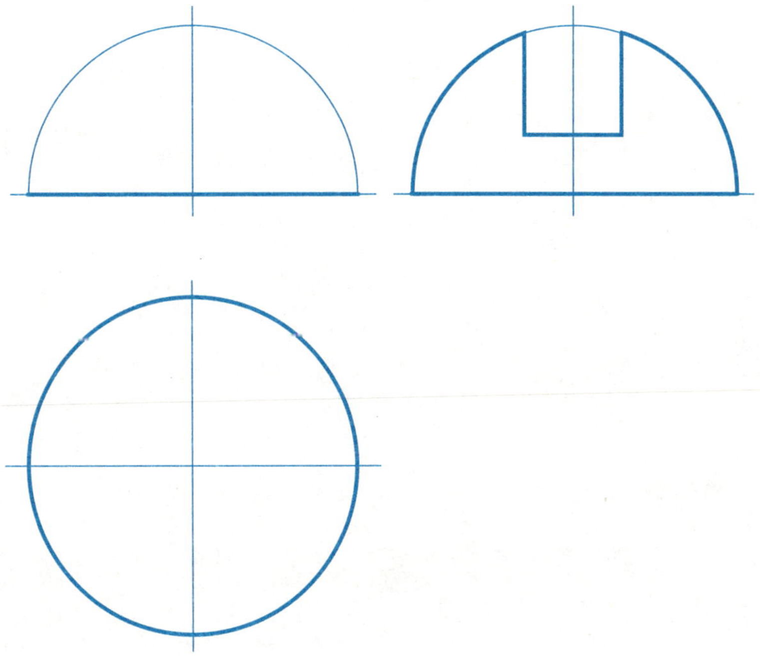

8-23　已知截切后半球的水平投影，试作出其正面投影和侧面投影。

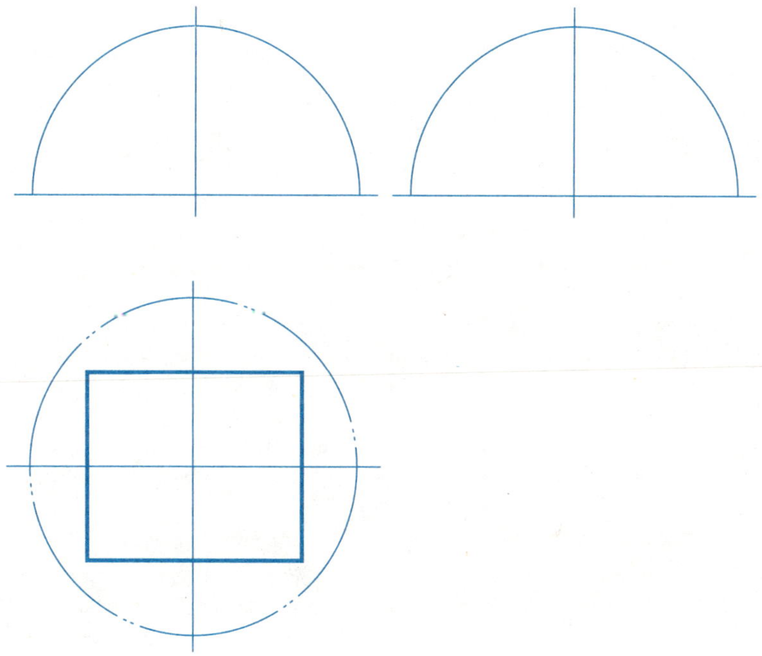

请沿此线整齐裁下

8-24　求直线与棱柱的贯穿点，并判别直线的可见性。

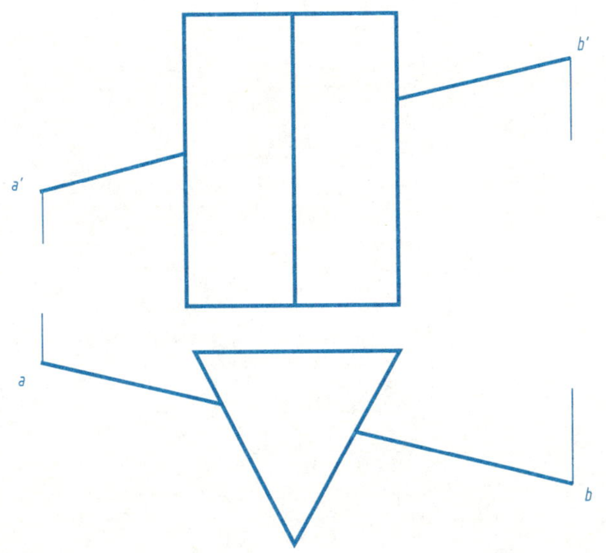

8-25　求直线与棱锥的贯穿点，并判别直线的可见性。

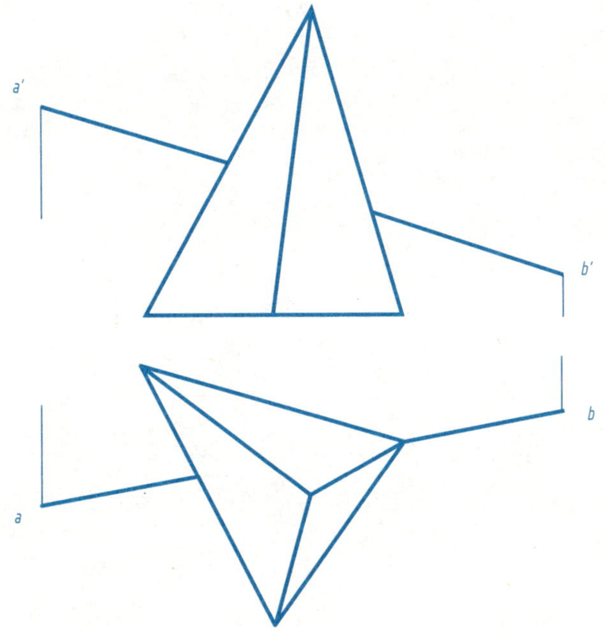

8-26　求直线与圆柱的贯穿点，并判别直线的可见性。

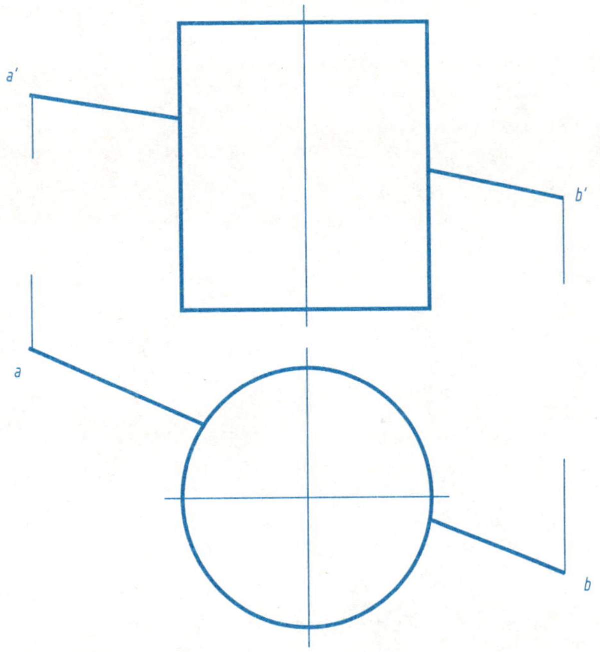

8-27　求直线与圆锥的贯穿点，并判别直线的可见性。

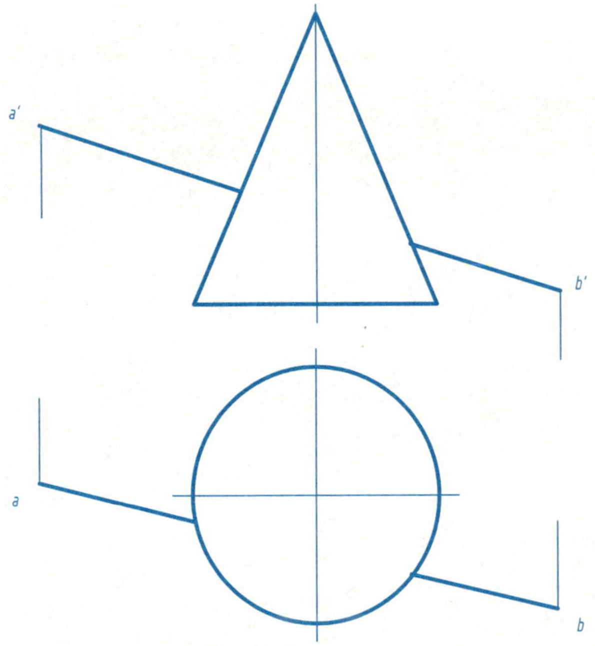

请沿此线整齐裁下

[评语]　[成绩]

姓名：＿＿＿＿　学号：＿＿＿＿

专业：＿＿＿＿　班级：＿＿＿＿

请沿此线整齐裁下

请沿此线整齐裁下

[评语]

[成绩]

专业：________ 姓名：________

班级：________ 学号：________

第九章　曲线与曲面(1)

9-1　已知导圆柱、螺距 S、画右旋圆柱螺旋线。

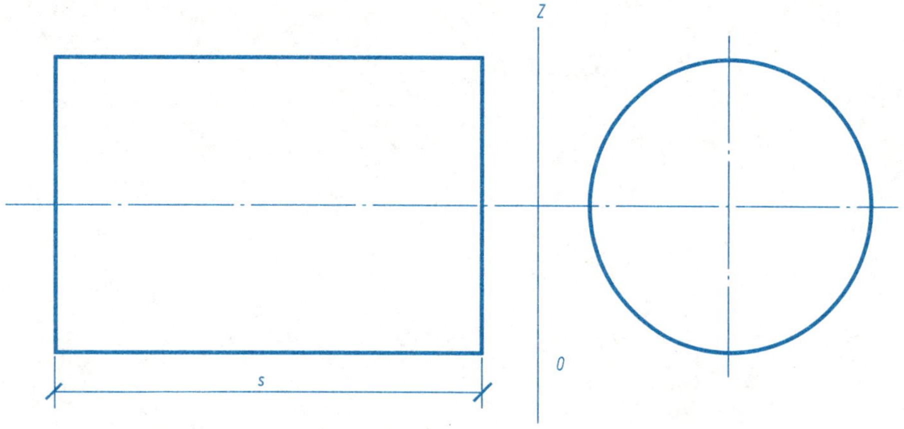

9-2　以直线 AB、CD 为导线，V 为导平面，画双曲抛物面的投影。

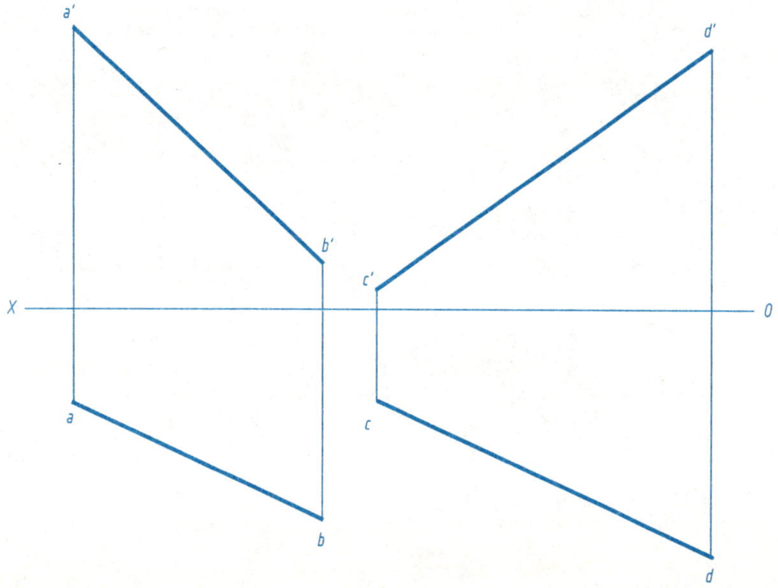

9-3　已知母线 AB、转轴 oo_1、导程为 36、画平螺旋面两个导程的投影图。

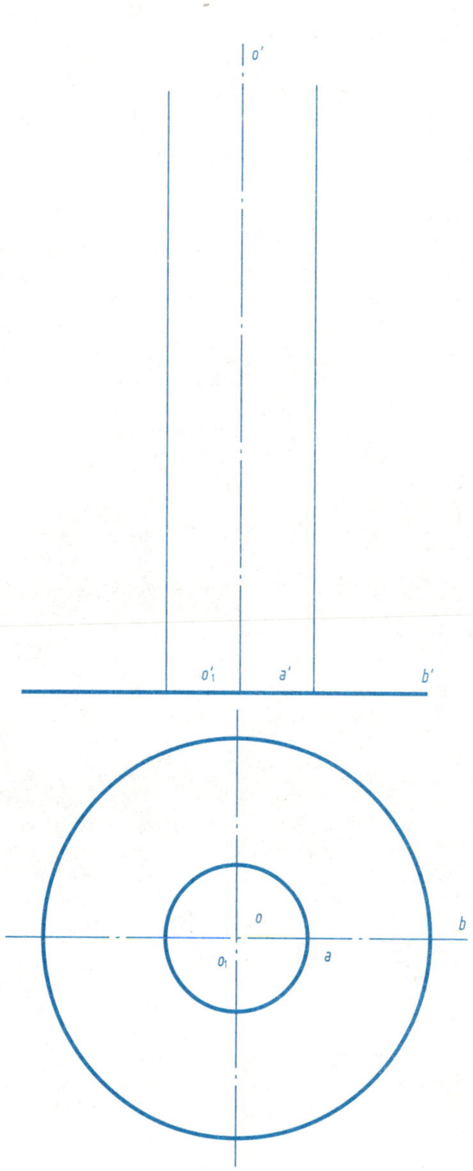

请沿此线整齐裁下

第九章　曲线与曲面（2）

[评语]

[成绩]

姓名：　　学号：

专业：　　班级：

9–4　已知母线 AB，回转轴 o_1o，求作单叶回转双曲面的投影。

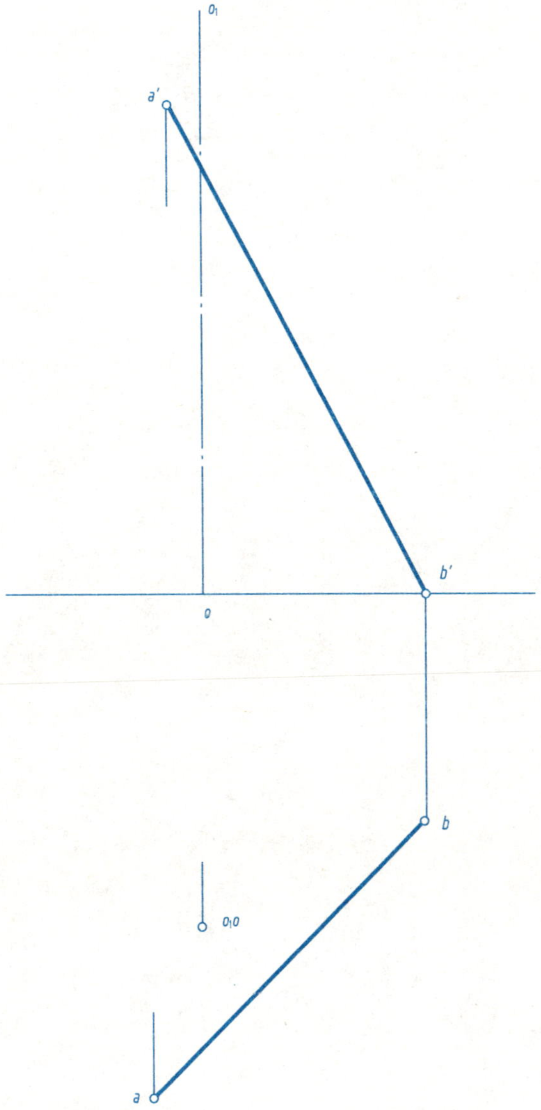

9–5　已知曲面上点 A、B、C 的一个投影，求作另一个投影及过点 B 的直素线。

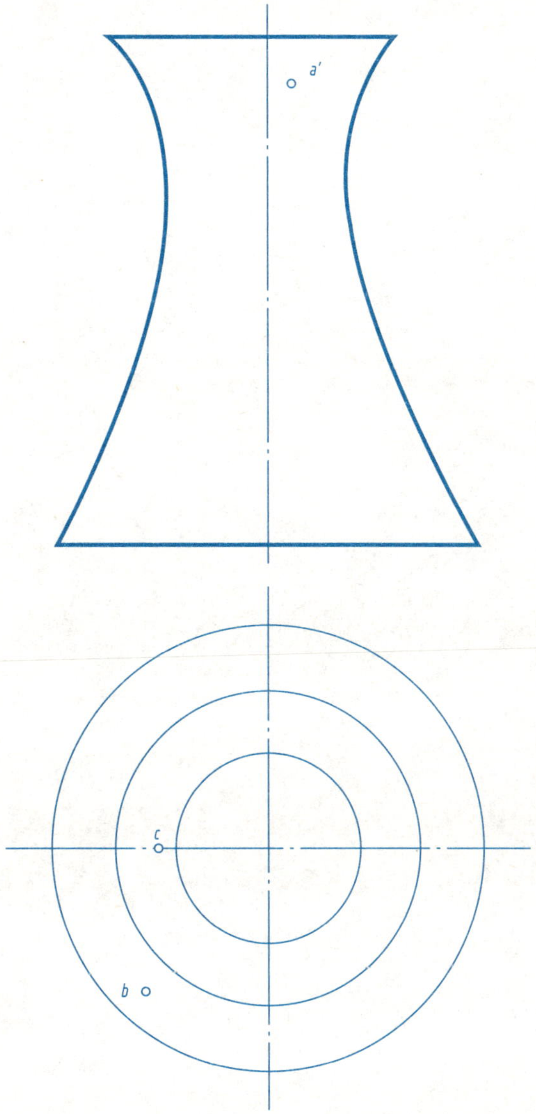

[评语]

[成绩]

姓名：________ 学号：________

专业：________ 班级：________

请沿此线整齐裁下

第十章　立体的表面展开（1）

10-1　画出吸尘罩的展开图。

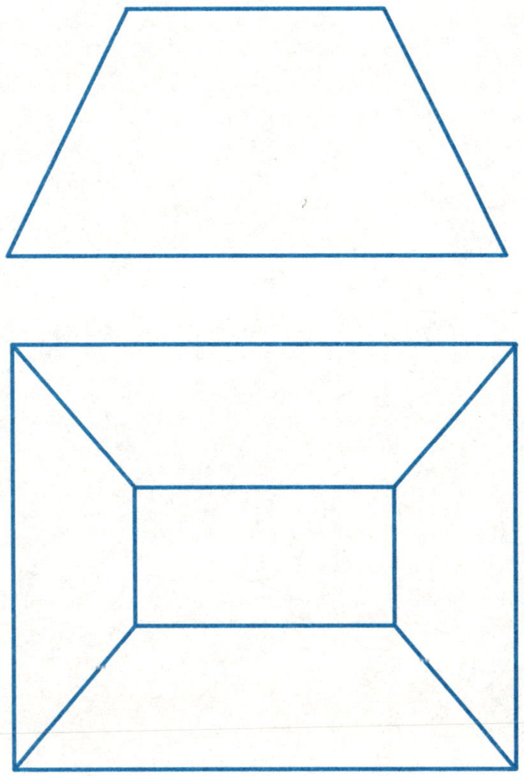

10-2　画出圆台管的展开图。

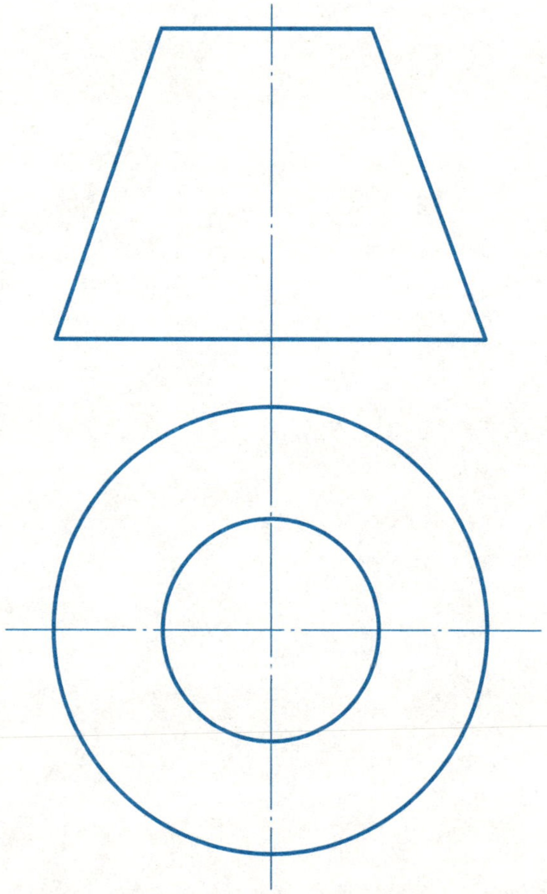

请沿此线整齐裁下

[评语] [成绩]

姓名：______ 学号：______

专业：______ 班级：______

第十章 立体的表面展开(2)

10-3 画出截切圆柱的展开图。

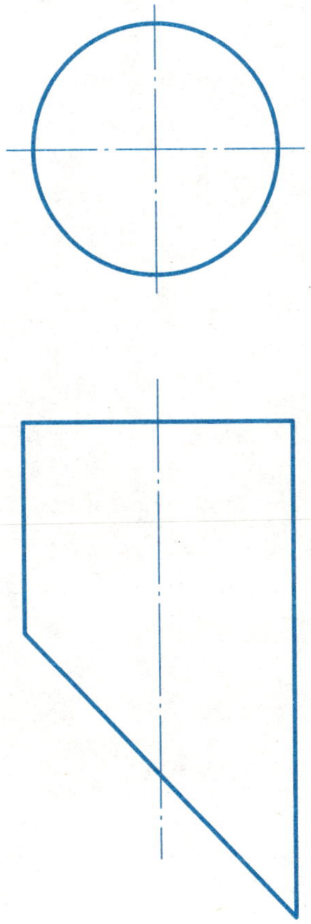

10-4 画出变形接头的展开图。

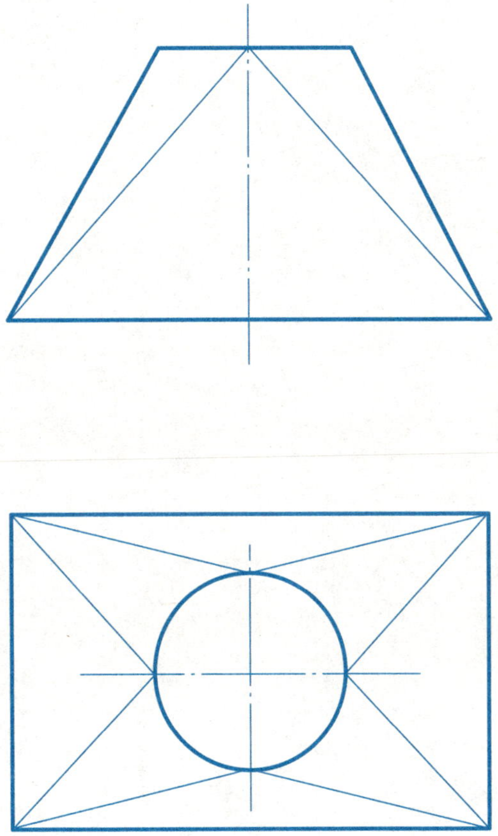

请沿此线整齐裁下

第十章 立体的表面展开(3)

10-5 画出直角弯管中间一节的展开图。

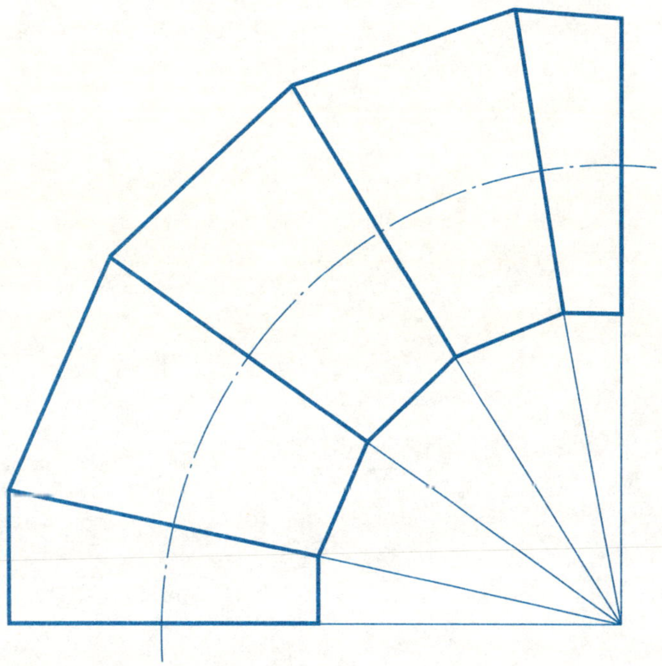

第十一章　两立体相贯(1)

专业：________ 姓名：________ [评语]
班级：________ 学号：________ [成绩]

11-1　求作四棱柱与三棱柱的相贯线。

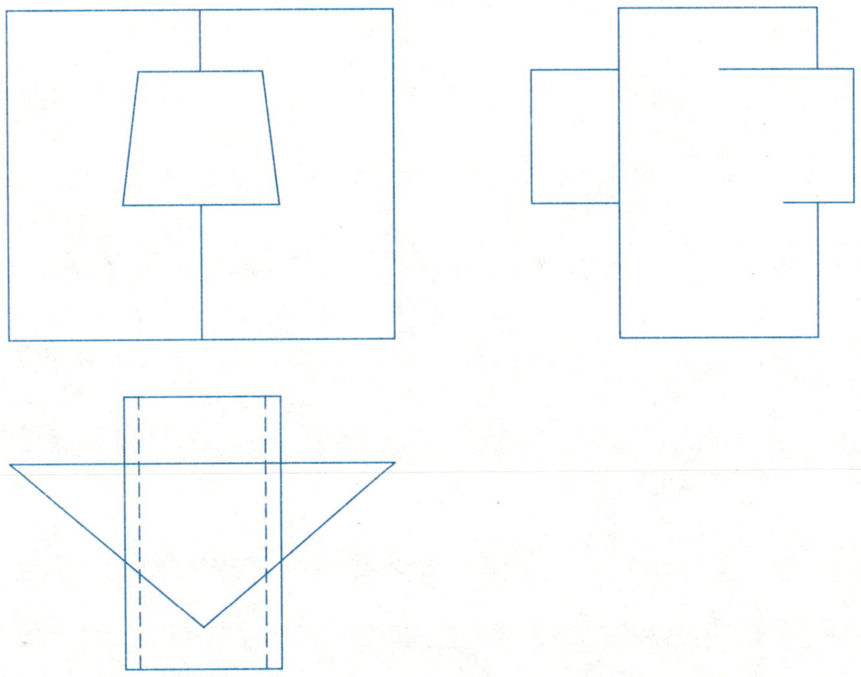

11-2　求两圆柱正交的相贯线投影。

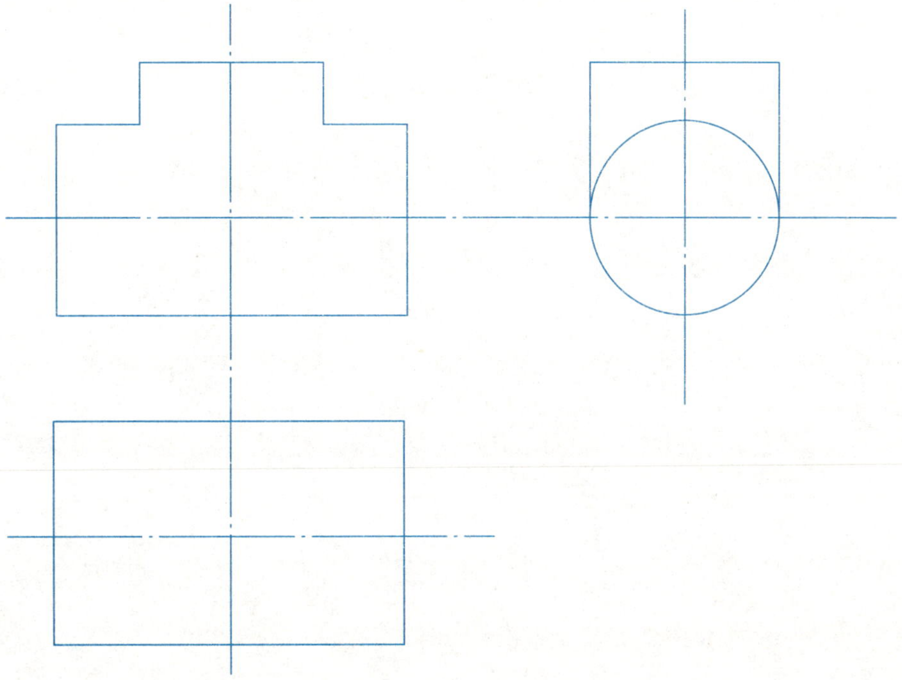

请沿此线整齐裁下

请沿此线整齐裁下

第十一章　两立体相贯(2)

11-3　作下图相贯体的投影图线。

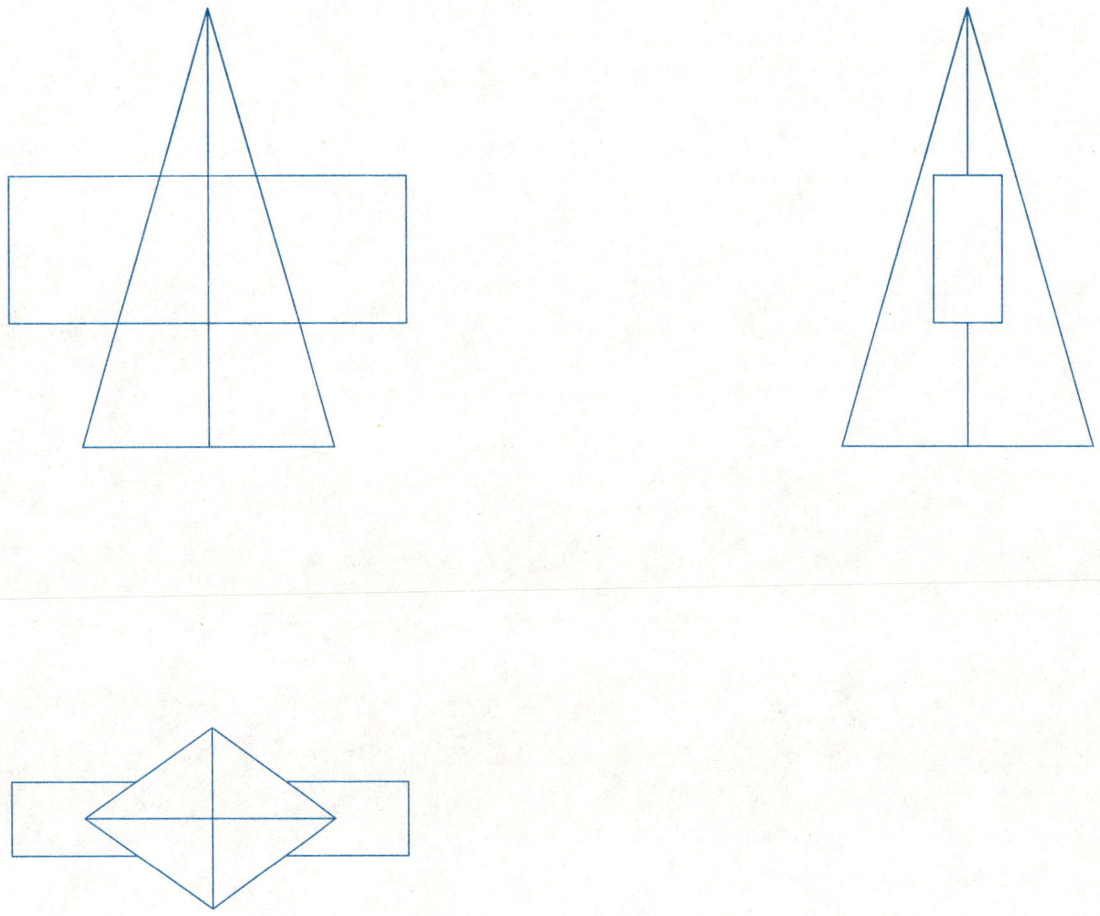

[评语]

[成绩]

姓名：________

学号：________

专业：________

班级：________

请沿此线整齐裁下

第十二章　轴测投影（1）

12-1　根据正投影图，作正等测图。

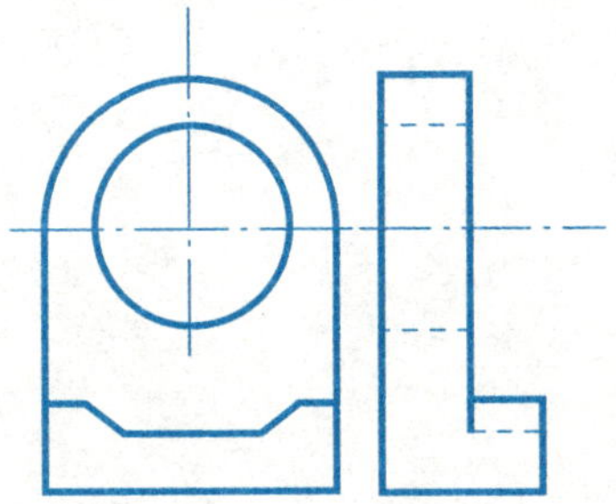

12-2　根据正投影图，作正面斜二测图。

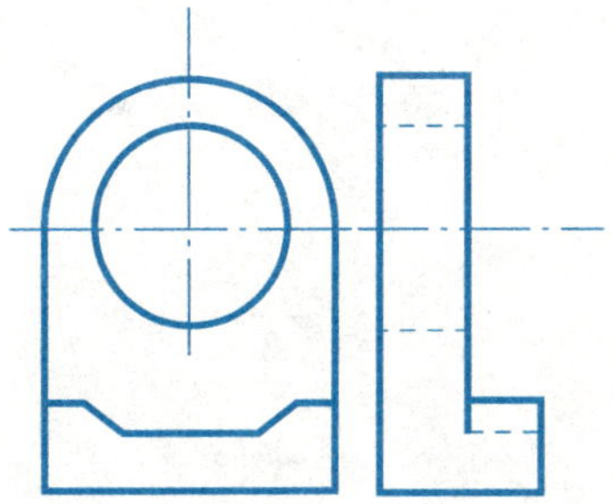

请沿此线整齐裁下

[评语]　[成绩]

专业：______ 姓名：______

班级：______ 学号：______

请沿此线整齐裁下

请沿此线整齐裁下

[评语]
[成绩]

姓名：
学号：
专业：
班级：

请沿此线整齐裁下

12–3　按照图中同坡屋面的水平投影图，加上一定高度，请画出适当的轴测图。

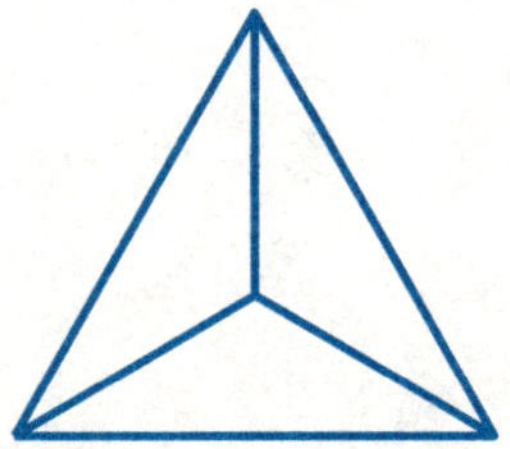

三角形亭屋顶

四方亭屋顶

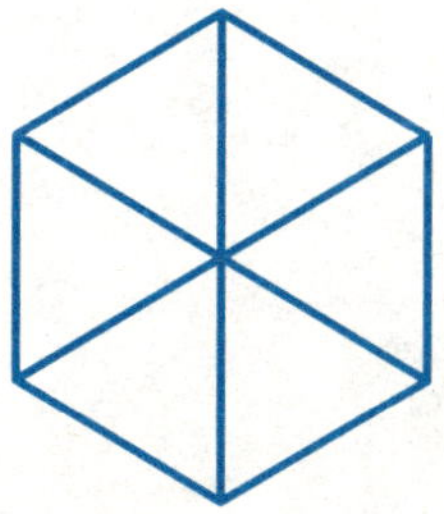

六角亭屋顶

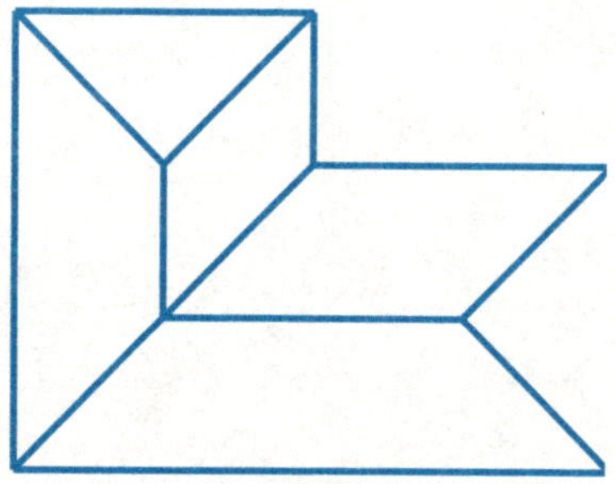

转角屋顶

第十二章　轴测投影(3)

12-4　按按照台阶的三面投影，绘制其正等测图。

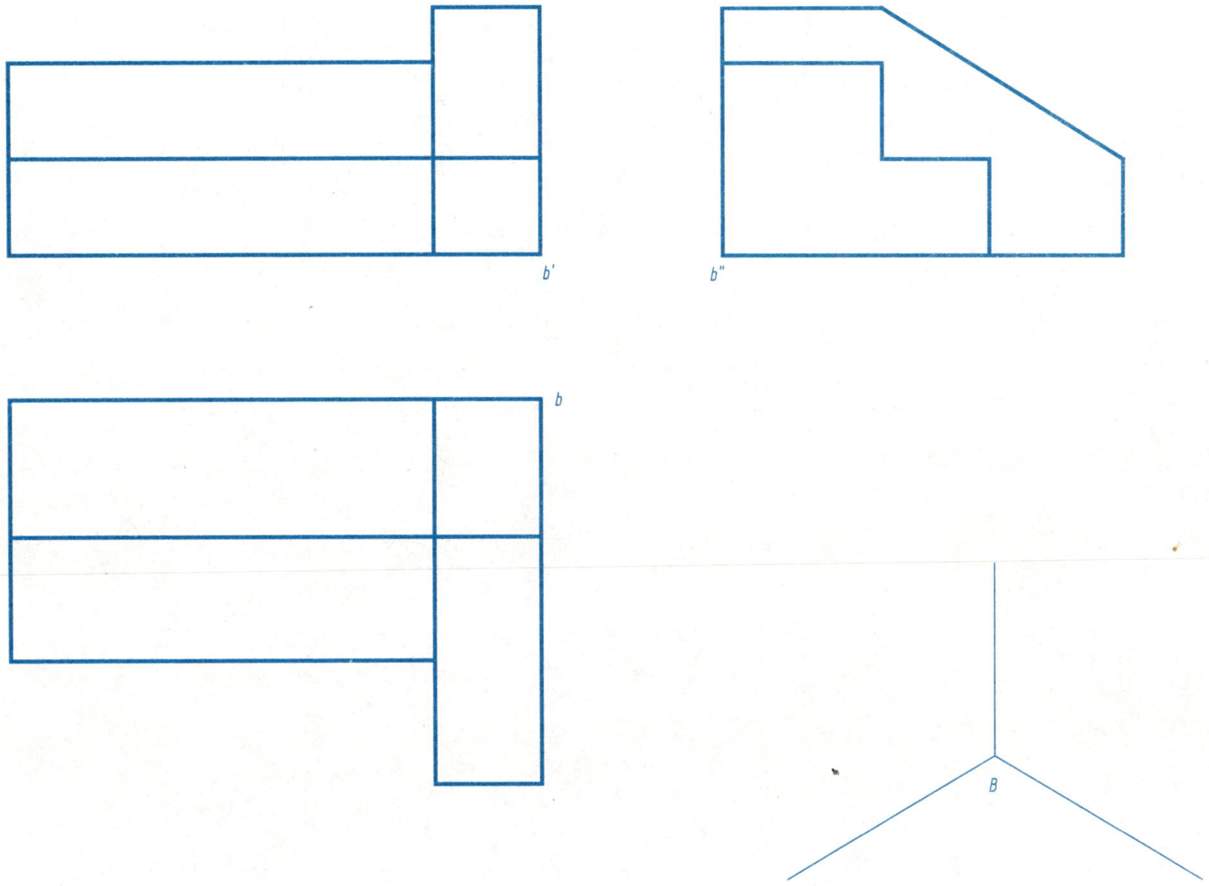

请沿此线整齐裁下

[评语]　[成绩]

姓名：________　学号：________

专业：________　班级：________

请沿此线整齐裁下

第十二章　轴测投影（4）

[评语]

[成绩]

姓名：

学号：

专业：

班级：

12-5　按照相贯的圆形房屋投影图及所给轴间角，绘制其轴测图。

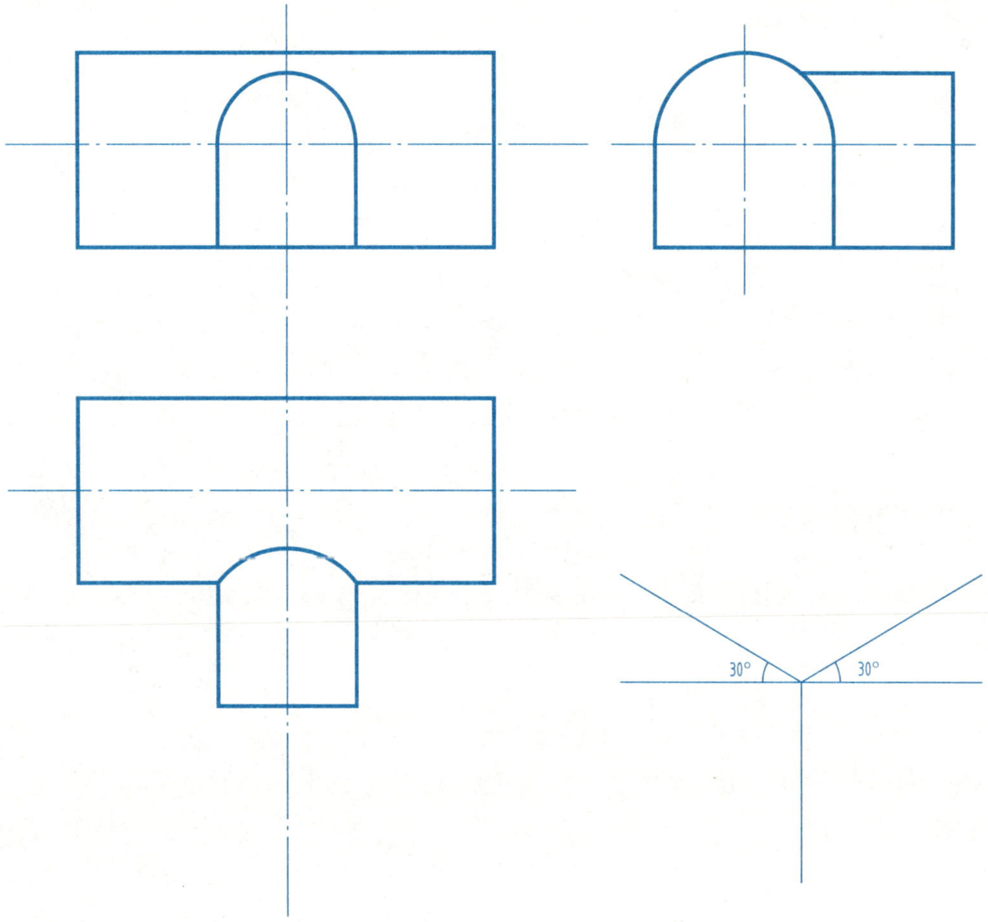

请沿此线整齐裁下

请沿此线整齐裁下

[评语] [成绩]

姓名： 学号：

专业： 班级：

请沿此线整齐裁下

第十三章　标高投影（1）

13-1　已知平面上一条标高为 26 的等高线，平面的坡度 i=1∶3，试作出该平面上若干条整数高程的等高线。

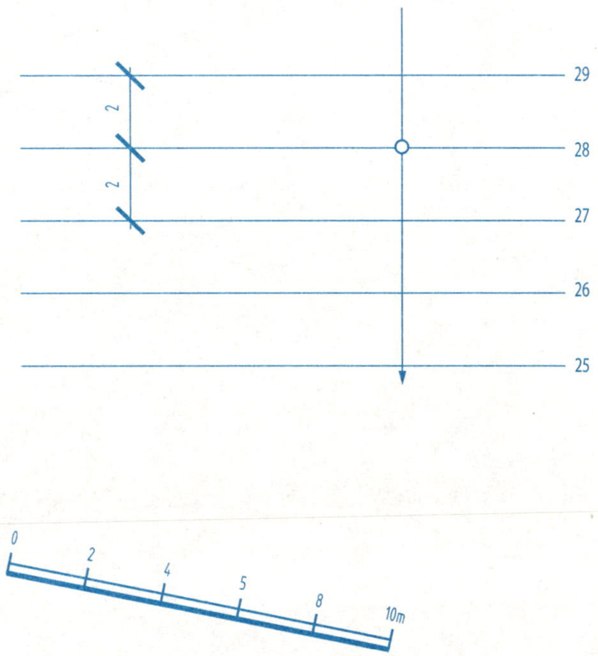

13-2　已知直线 BA 的标高投影 b_3a_7，求直线 BA 上的 C 点的标高。

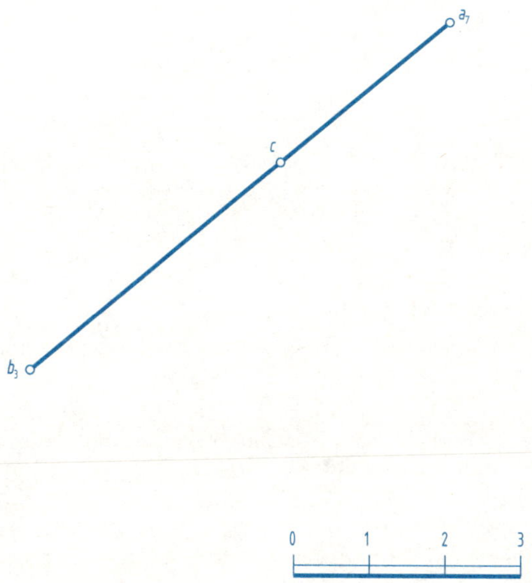

第十三章　标高投影（2）

13-3　已知平面上一条高程为 10 的等高线，又知平面的坡度 $i=1:2$，求作平面上高程为 9、8、7 的等高线。

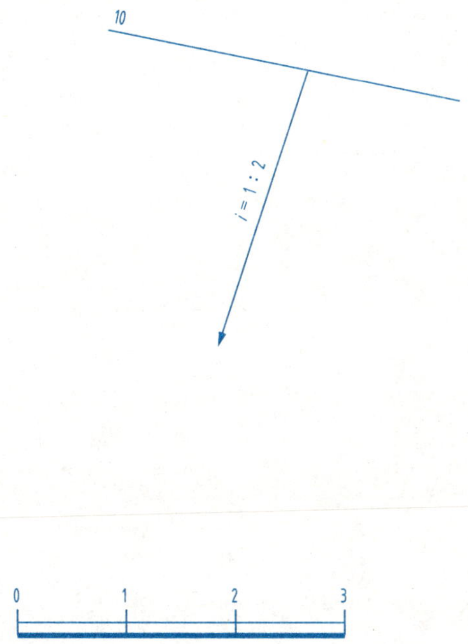

[评语]

[成绩]

专业：________ 姓名：________

班级：________ 学号：________

第十四章　建筑阴影（1）

[评语]

[成绩]

姓名：

学号：

专业：

班级：

14-1　求棱柱体的阴影。（1）求四棱柱在投影面上的阴影

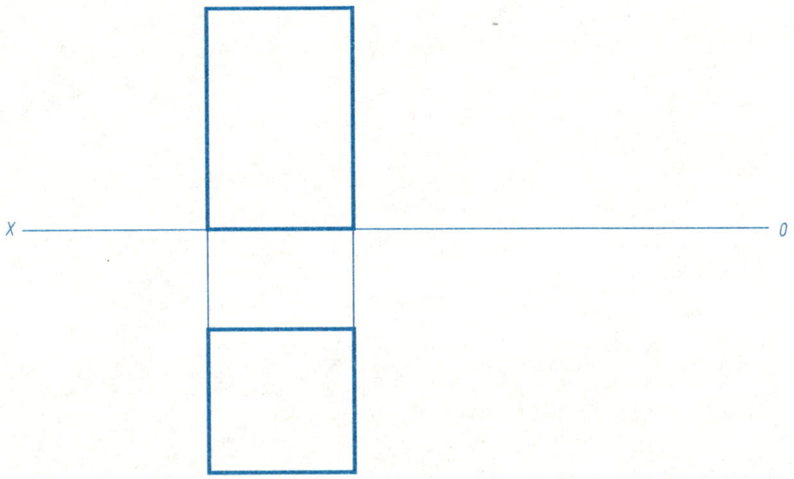

14-2　求棱柱体的阴影。（1）求六棱锥在投影面的阴影

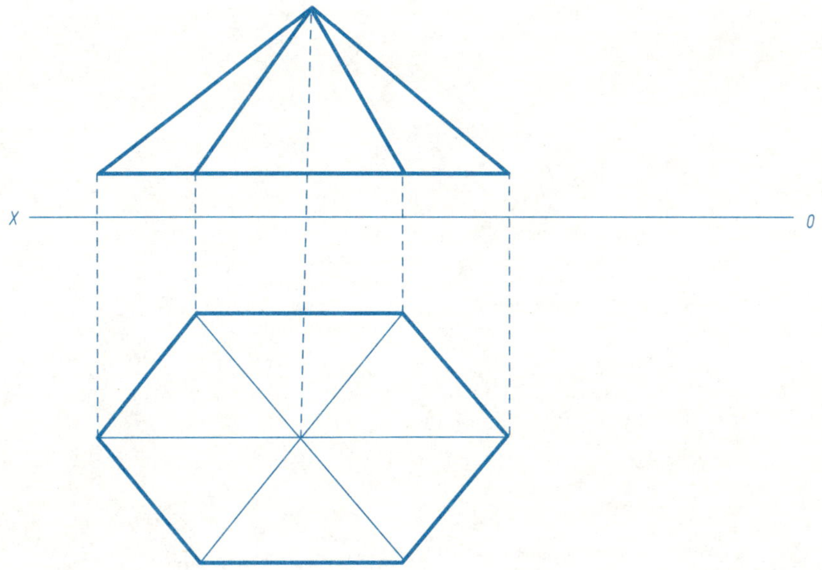

（2）求厚板在墙面上的阴影

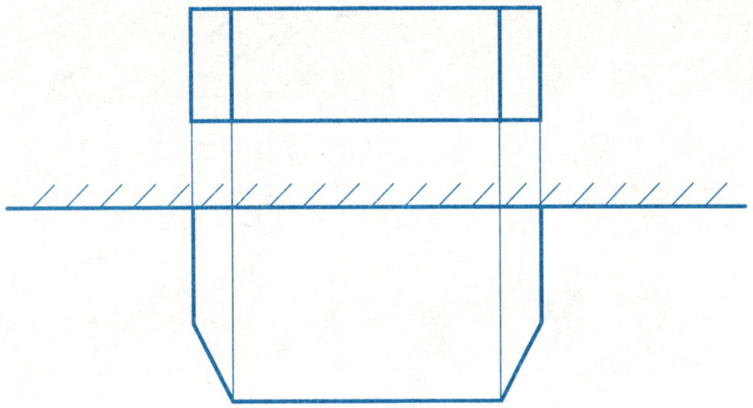

（2）求倒四棱柱在投影面上的阴影

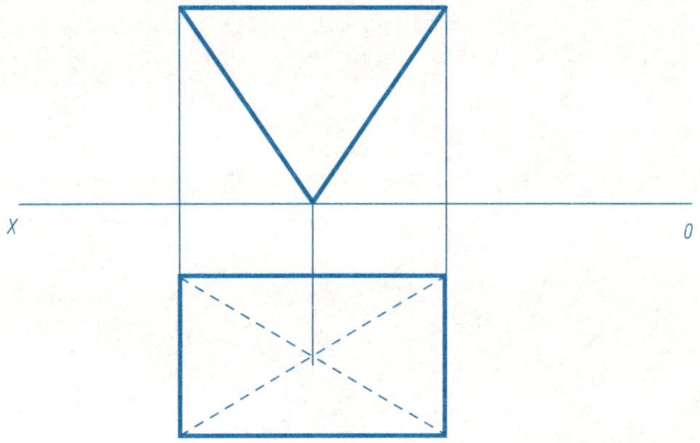

请沿此线整齐裁下

[评语]　[成绩]

姓名：________ 学号：________

专业：________ 班级：________

14-3 求平面多边形在投影面上落影。

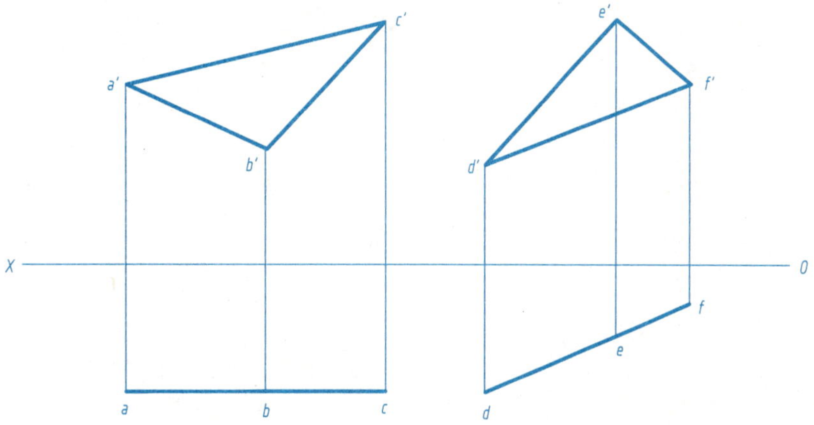

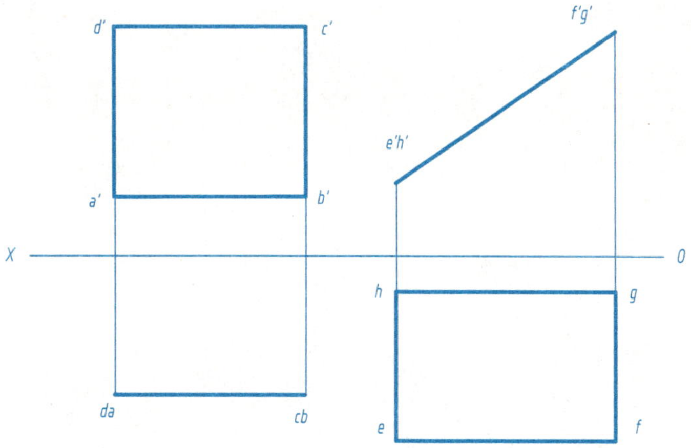

14-4 求平面多边形在投影面上落影。

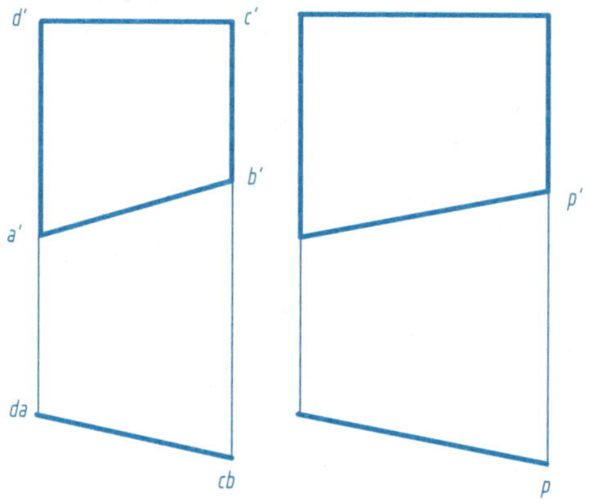

（1）

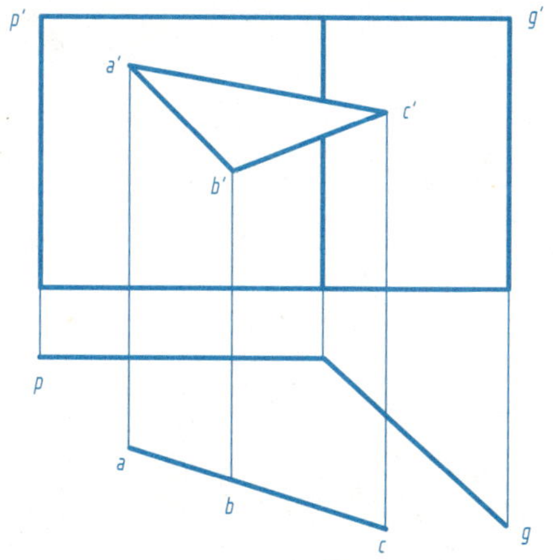

（2）

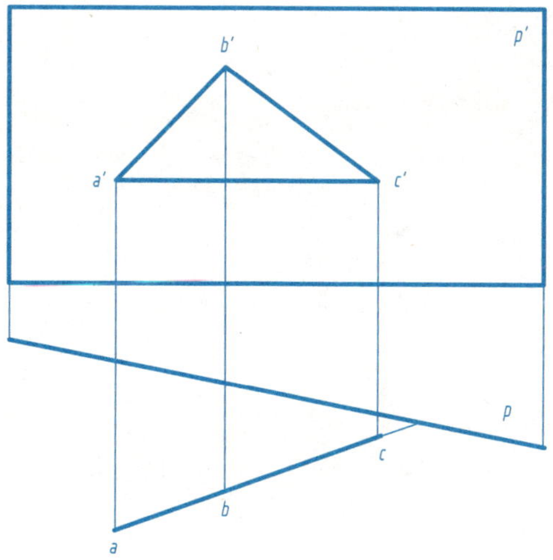

（3）

第十四章 建筑阴影(3)

14-5 求圆柱平面的阴影。

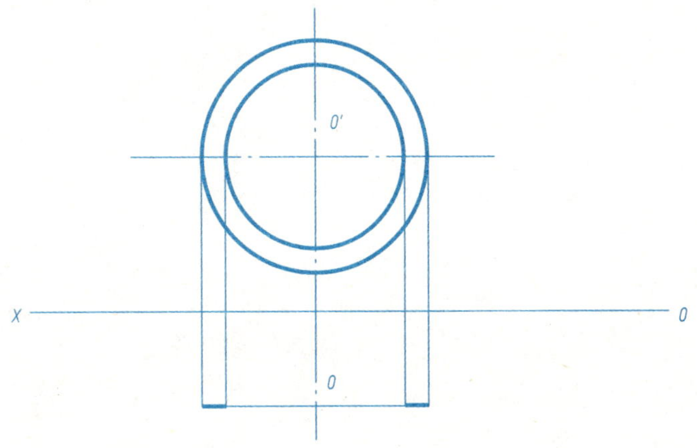

14-6 求有孔平面的阴影。

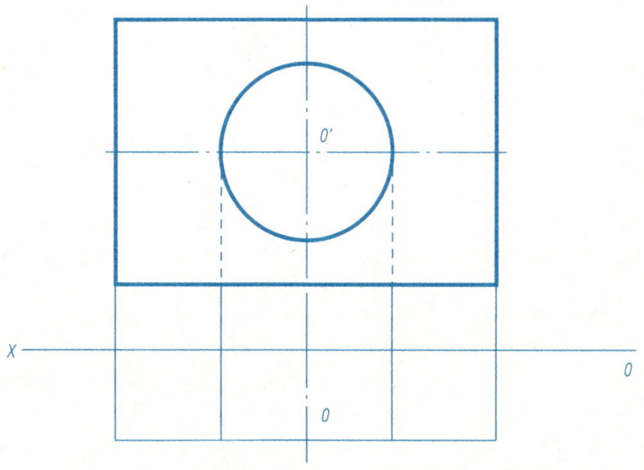

请沿此线整齐裁下

专业：________ 姓名：________ [评语]

班级：________ 学号：________ [成绩]

15-1 求形体的透视。

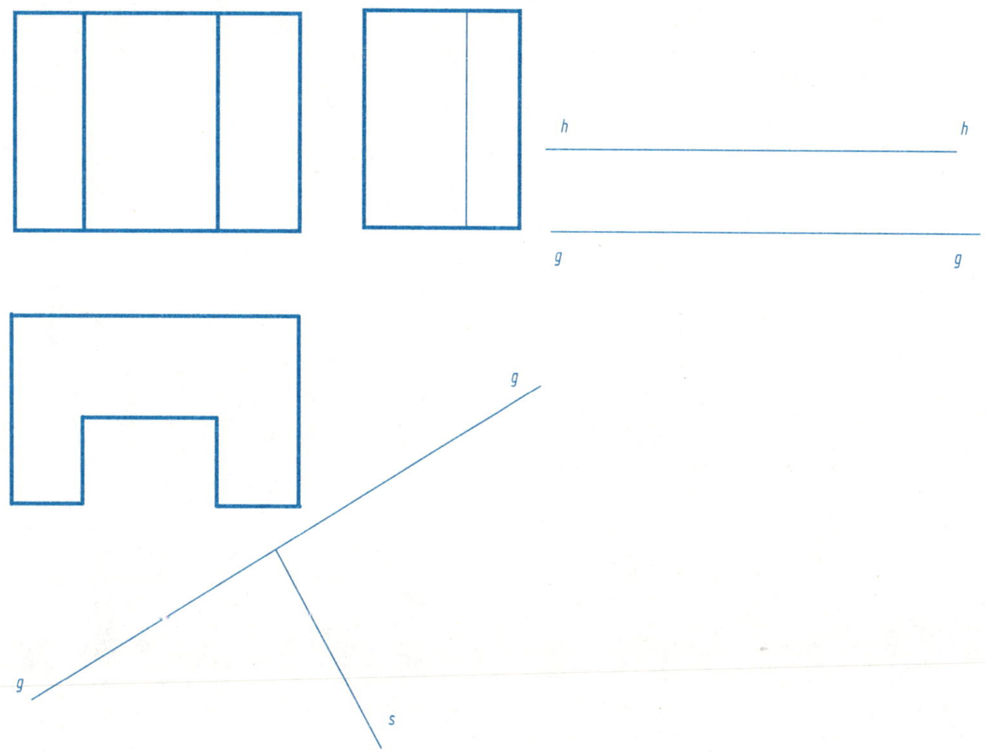

15-2 求形体的透视。

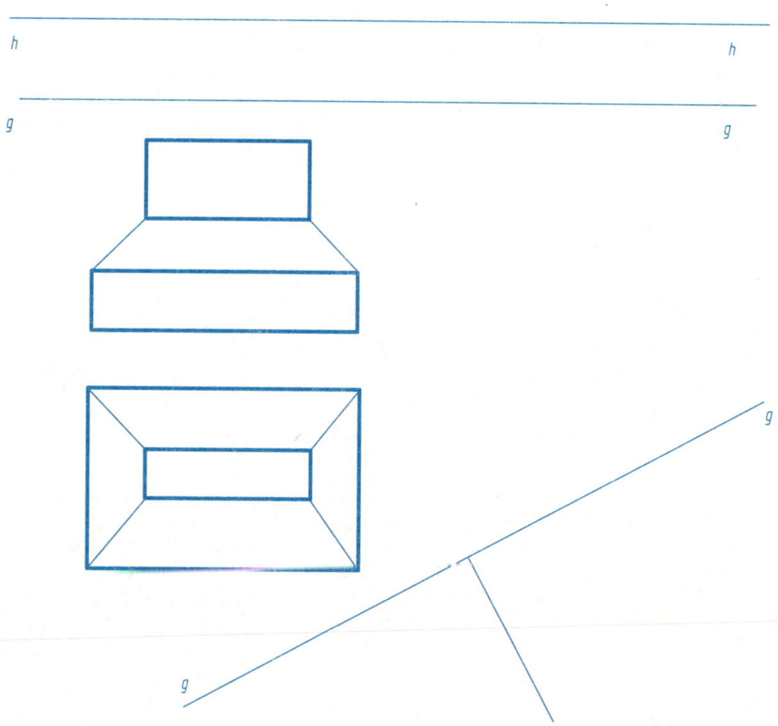

请沿此线整齐裁下

15-3　求形体的透视。

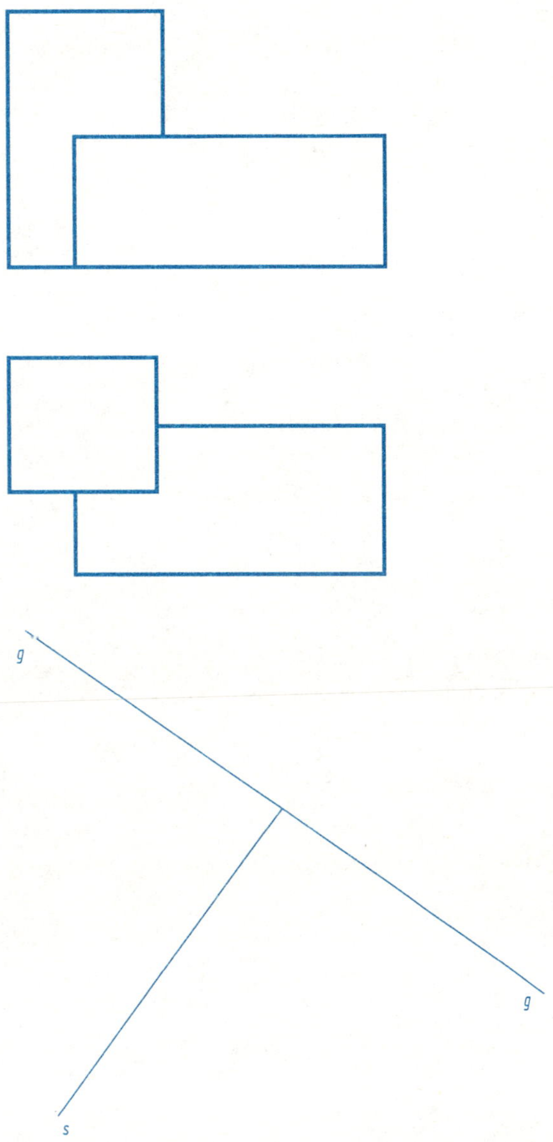

15-4　求形体的透视。

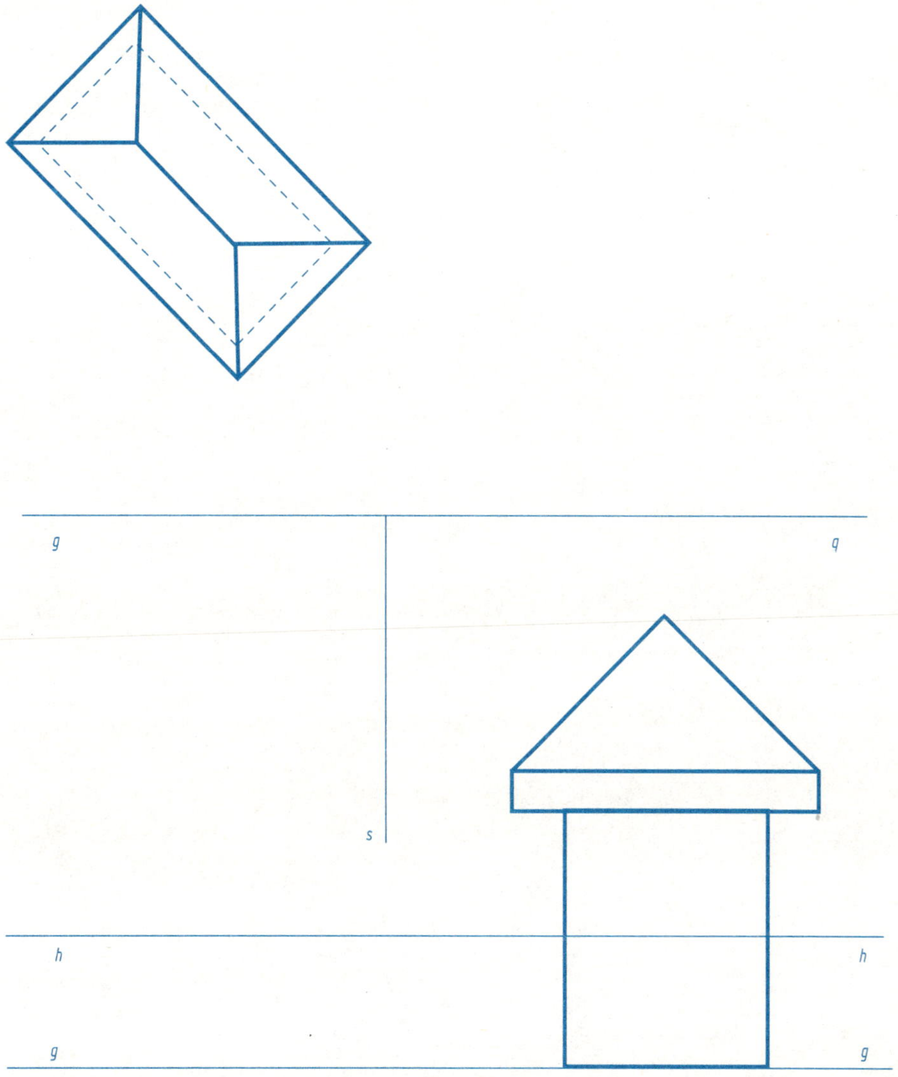

请沿此线整齐裁下

[评语]　[成绩]

姓名：＿＿＿＿　学号：＿＿＿＿

专业：＿＿＿＿　班级：＿＿＿＿

请沿此线整齐裁下

15-5　求建筑形体的透视。

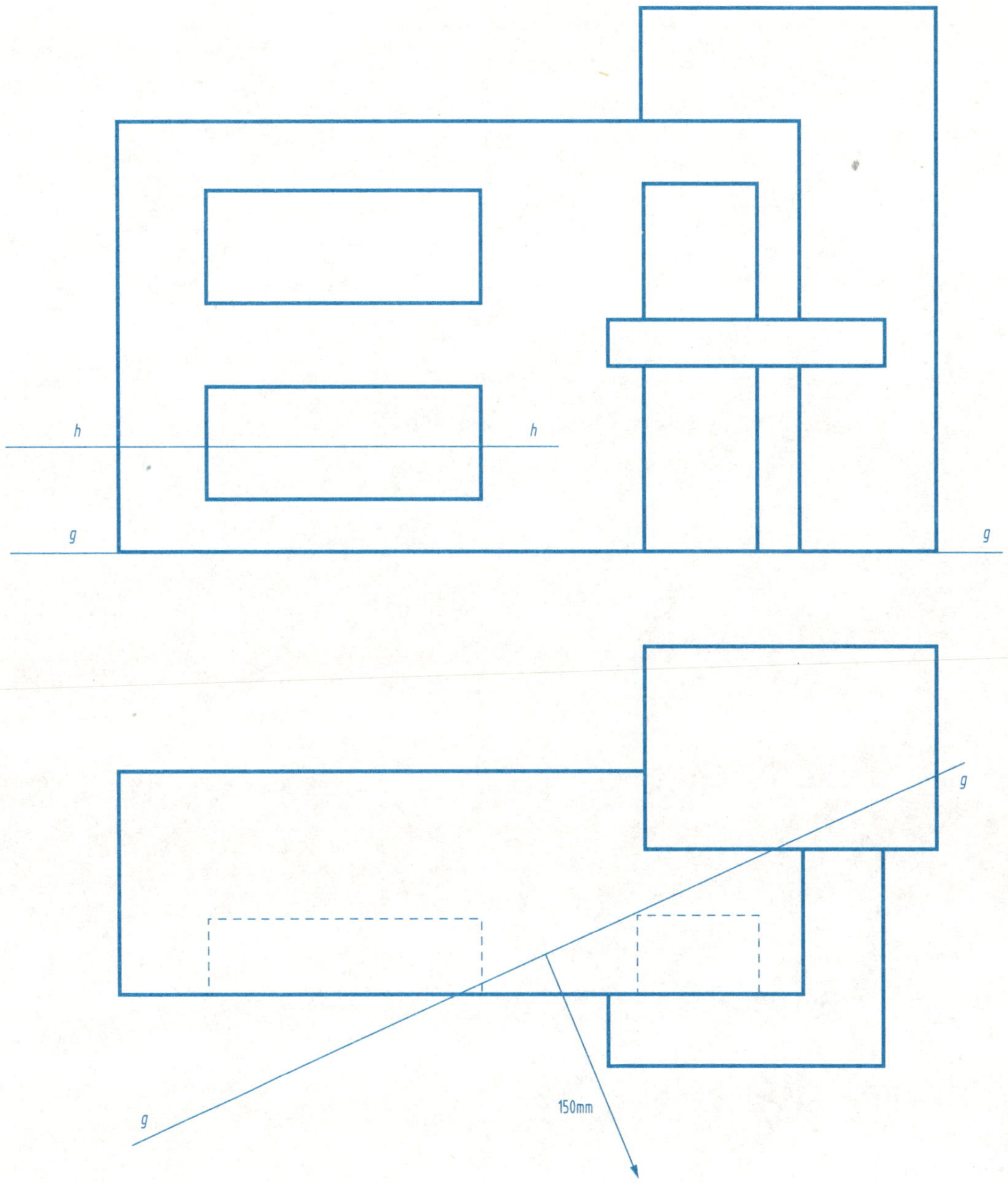

【评语】
【成绩】
姓名：
学号：
专业：
班级：

请沿此线整齐裁下

请沿此线整齐裁下

15-6　求建筑形体的透视。

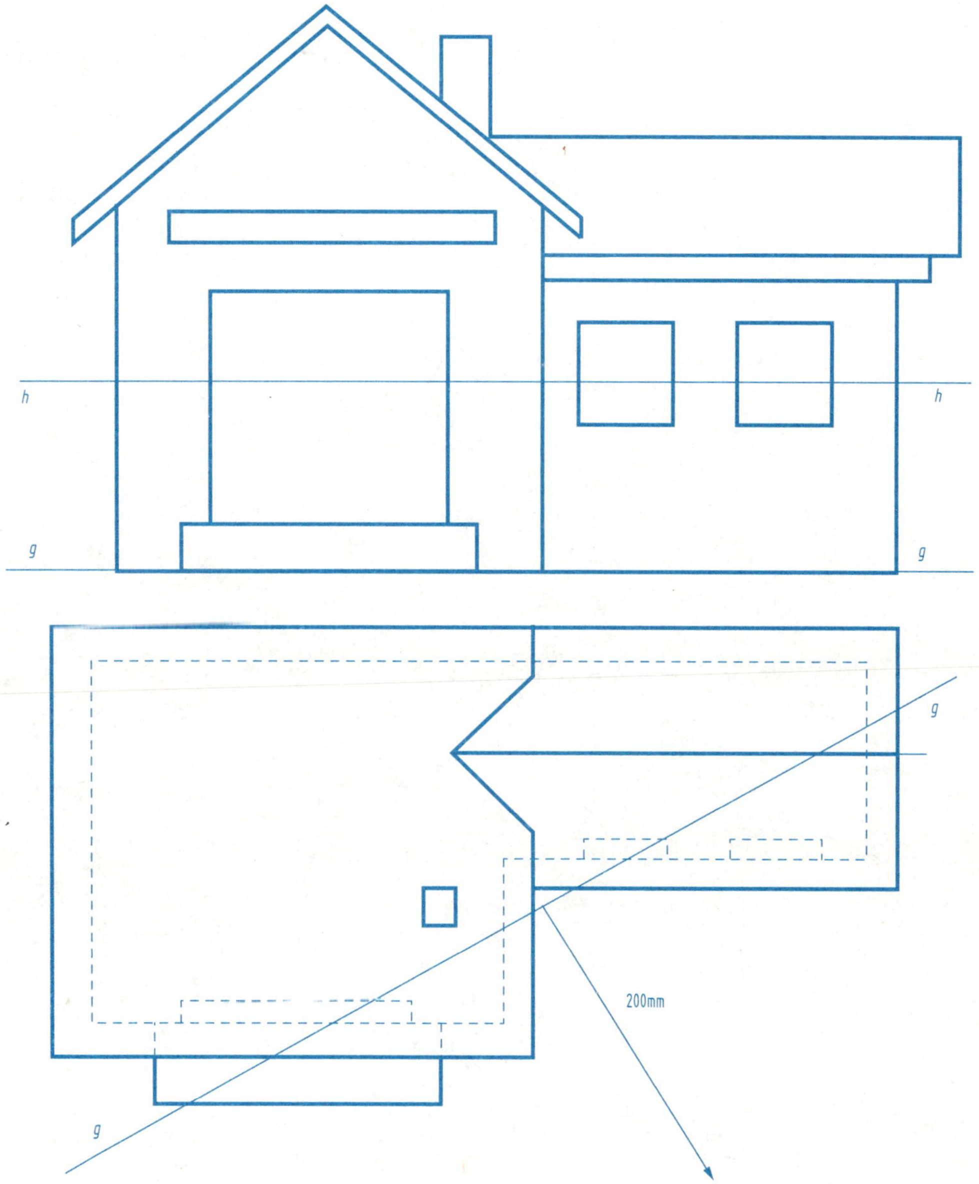

请沿此线整齐裁下

[评语]　[成绩]

专业：______ 姓名：______
班级：______ 学号：______

请沿此线整齐裁下

[评语]

[成绩]

姓名：

学号：

专业：

班级：

第十五章　建筑透视（5）

15-7　求建筑形体的透视。

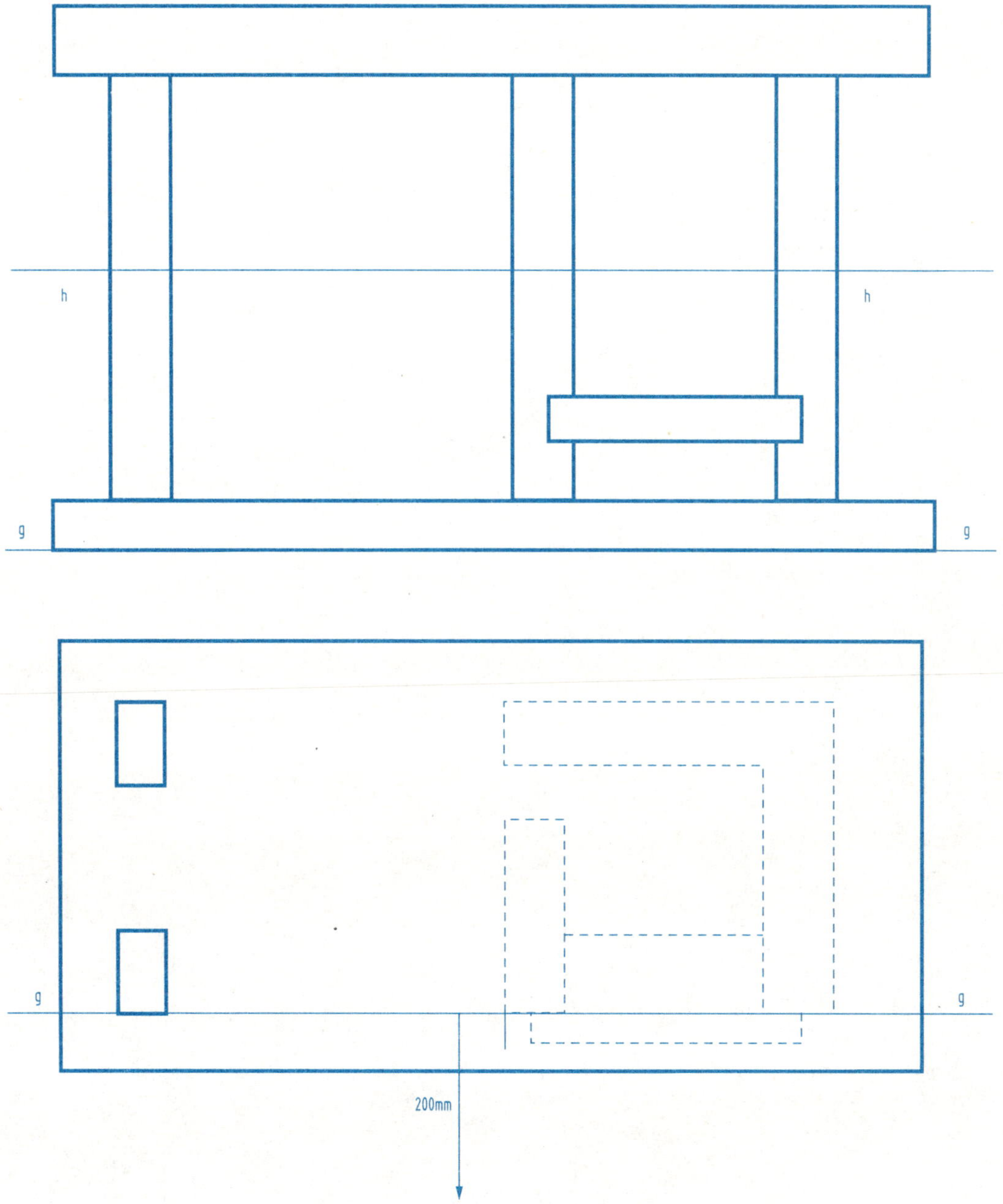

第十五章　建筑透视（6）

15-8　求建筑形体的一点透视图。

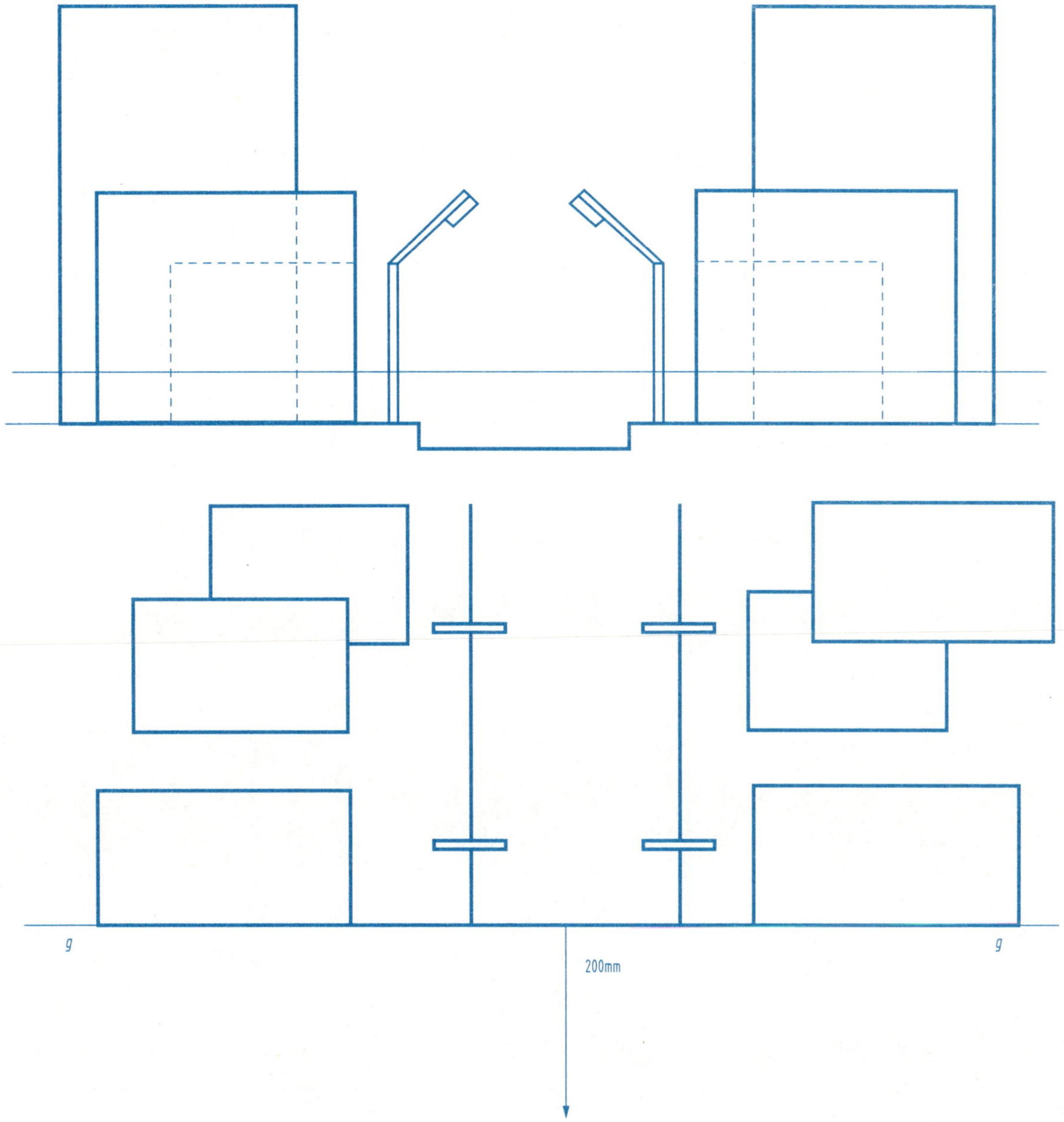

[评语]　[成绩]

姓名：______　学号：______

专业：______　班级：______

请沿此线整齐裁下

请沿此线整齐裁下

[评语]　[成绩]

姓名：　学号：

专业：　班级：

请沿此线整齐裁下

16-1

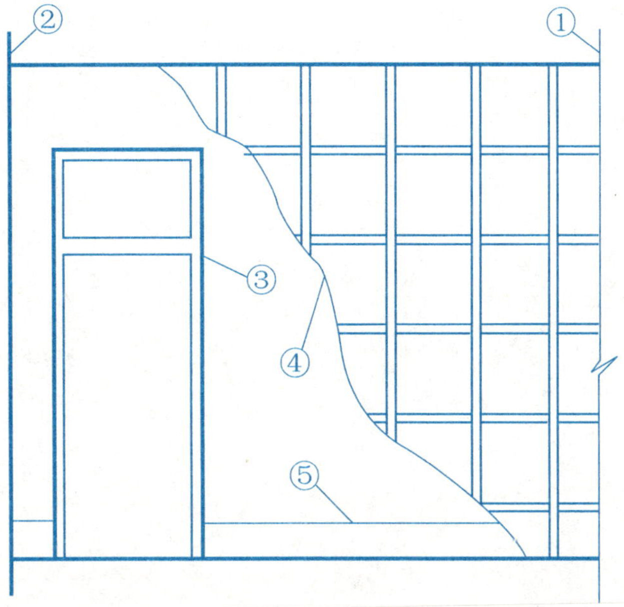

⑤		
④		
③		
②		
①		
序号	图线名称	线　宽

16-2

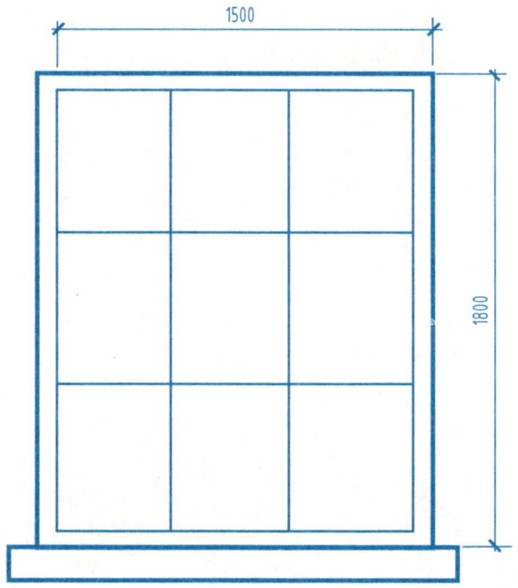

窗立面图

16-3

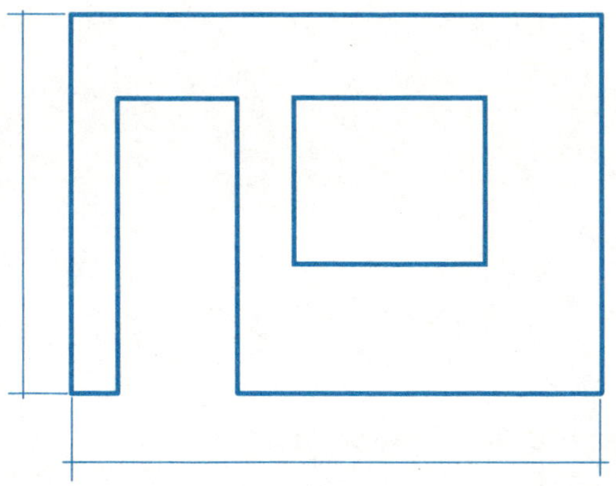

外墙板立面图　1：60

请沿此线整齐裁下

第十七章　组合体的投影(1)

17-1　根据给出的立体图，完成三面投影（尺寸从立体图中量取）。

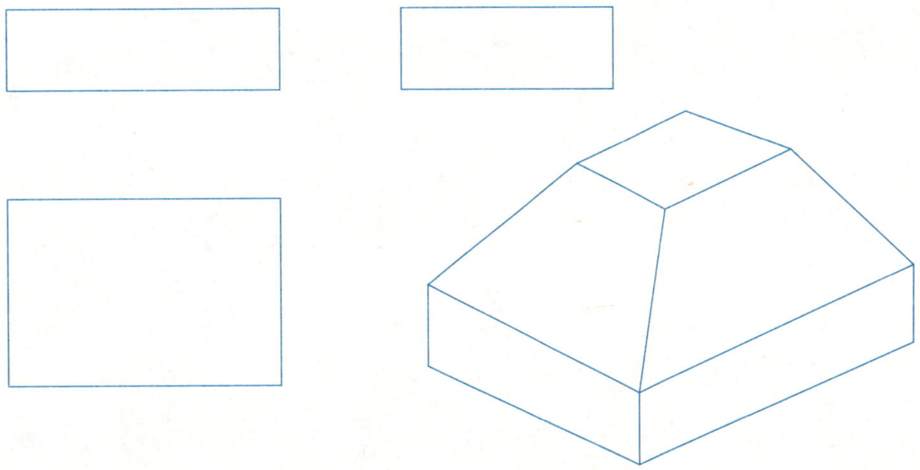

17-2　根据给出的立体图，完成三面投影（尺寸从立体图中量取）。

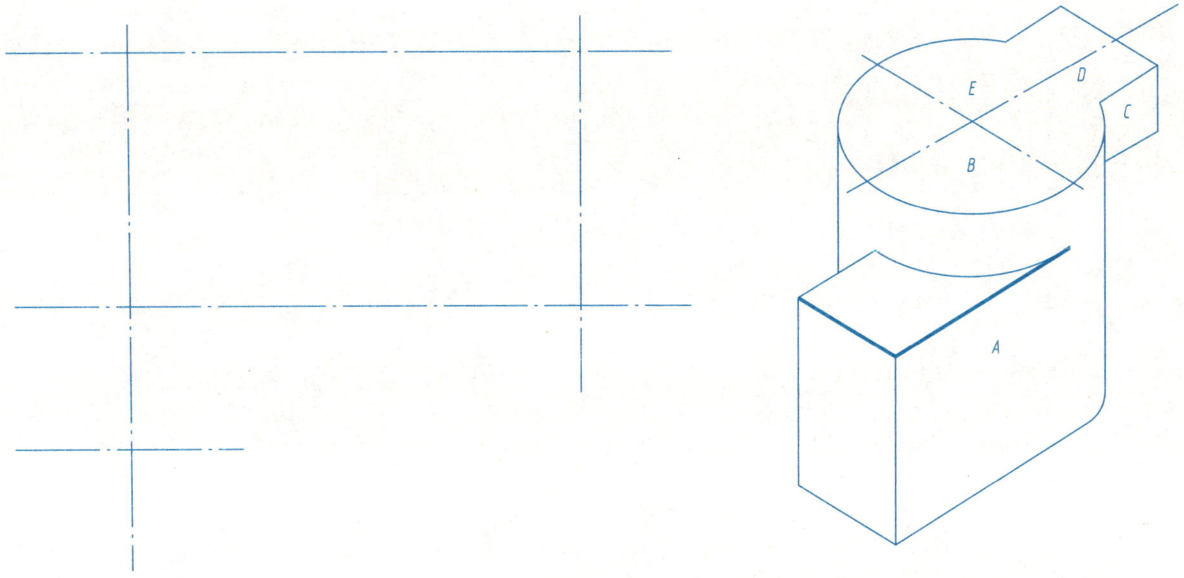

[评语]

[成绩]

姓名：

学号：

专业：

班级：

请沿此线整齐裁下

17-3　根据体的投影规律，找到前后两部分基本形体各自的相应投影，前面一个为棱柱，后面一个为三棱柱，补 H 投影。

17-4　由已知的两面投影补画另一投影。

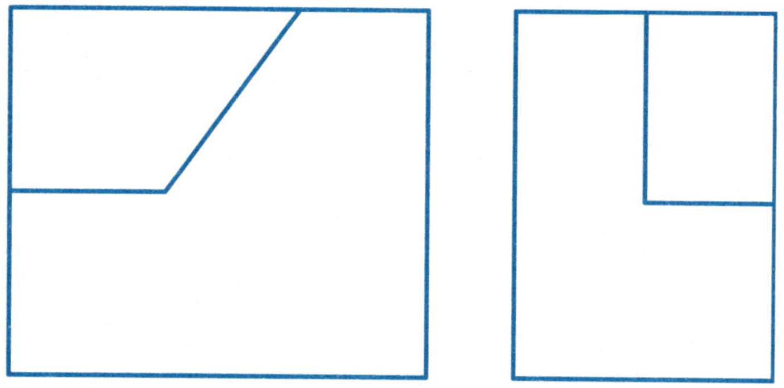

[评语]　[成绩]

姓名：______　学号：______

专业：______　班级：______

第十七章　组合体的投影（3）

17-5　形体分析。

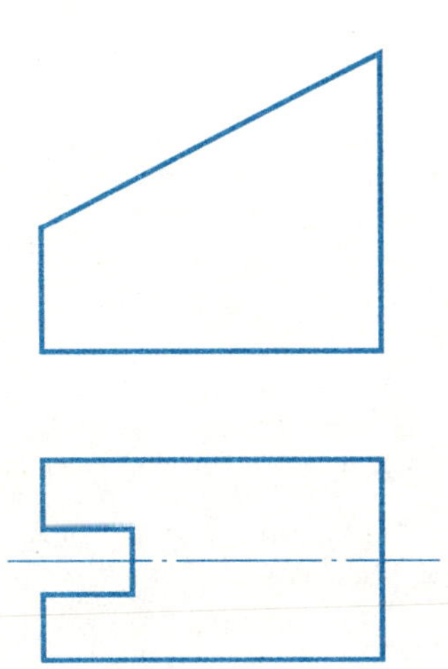

17-6　根据给出的投影补画正面投影中漏线，并补画 W 面投影。

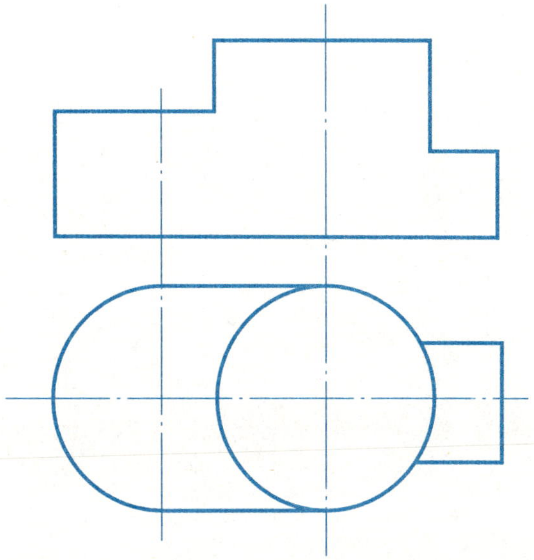

[评语]
[成绩]

姓名：________ 学号：________

专业：________ 班级：________

第十八章　剖面图与断面图(1)

18-1　作单元门雨棚处 1—1，2—2 的剖面图。

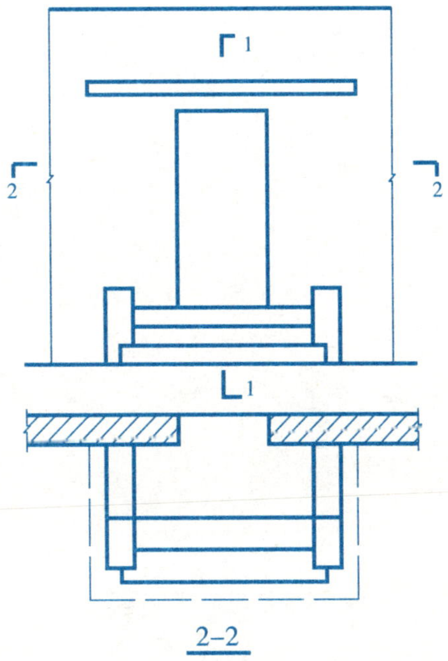

18-2　画出花格的剖面图。

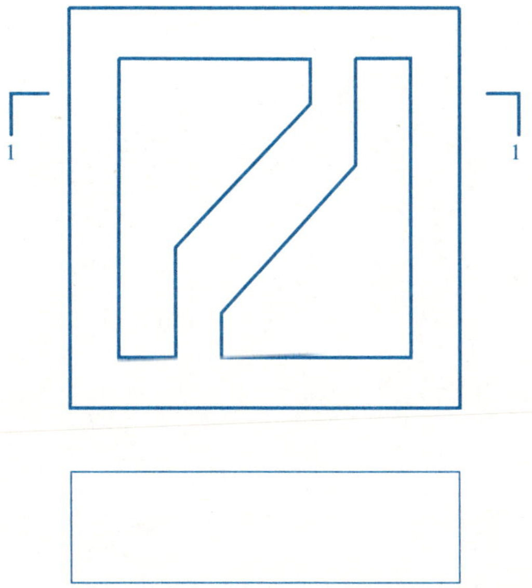

[评语]　[成绩]

姓名：______　学号：______

专业：______　班级：______

18-3　作檩条的 1—1、2—2 断面图。

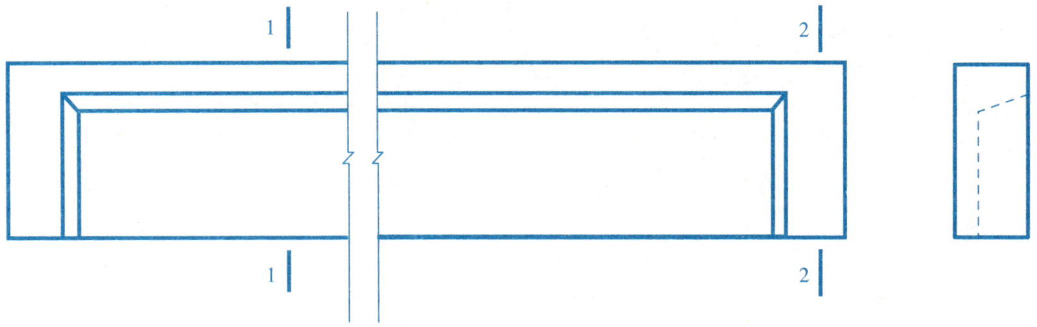

18-4　根据形体投影图，作形体 1—1、2—2 的断面图。

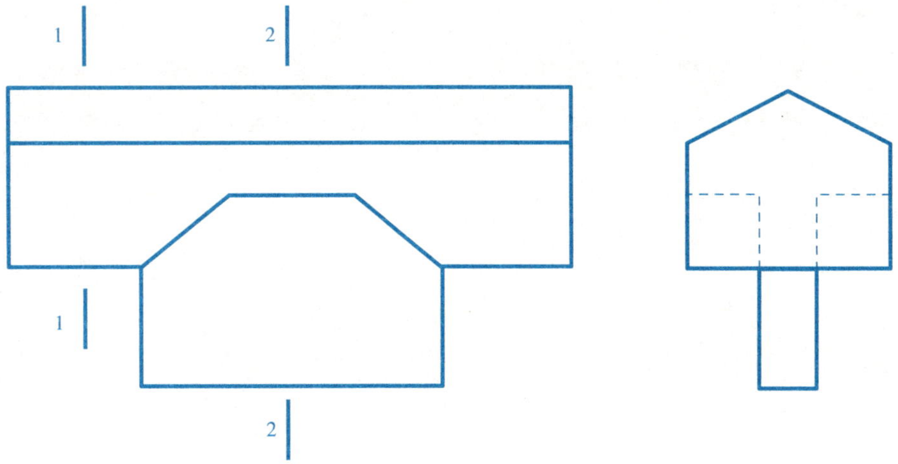

［评语］

［成绩］

姓名：________　学号：________

专业：________　班级：________

请沿此线整齐裁下

请沿此线整齐裁下

第十九章　建筑工程图（1）

阅读本配套教材附录某建筑工程施工图；在理解的基础上抄绘部分图纸。

[评语]

[成绩]

专业：________ 姓名：________

班级：________ 学号：________

请沿此线整齐裁下

请沿此线整齐裁下

[评语]

[成绩]

姓名：______

学号：______

专业：______

班级：______

请沿此线整齐裁下

第十九章 建筑工程图(2)

阅读本配套教材附录某建筑工程施工图；在理解的基础上抄绘部分图纸。